# WOW!

萌萌的～

## PHOTOSHOP
# 就該這樣玩

### 超有趣的**45**個
### 絕妙創意設計好點子

求抱養

**原書名：WOW! 裝點我們生活的 Photoshop 創意設計**

中國青年出版社 / 北京中青雄獅數碼傳媒科技有限公司於 2015 年出版，
並享有版權。本書由中國青年出版社北京中青雄獅數碼傳媒科技有限
公司授權碁峰資訊股份有限公司獨家出版中文繁體字版。中文繁體字
版專有出版權屬碁峰資訊股份有限公司所有，未經本書原出版者和本
書出版者書面許可，任何單位和個人均不得以任何形式或任何手段複
製、改編或傳播本書的部分或全部。

# 寫在前面的話

　　一次偶然的機會，看到好友用他的創意創作出了一系列令人回味和感動的展現生活狀態的圖片。每一個創意瞬間都叫人記憶猶新，被許多人"按讚"，也有很多人跟風。他的創意將他的生活妝點得多姿多彩。於是，我便動起了"歪"腦筋，也想利用創意來編寫一本書。這本書是透過使用 Photoshop 設計製作創意照片的生活趣味學習書籍，從不同的方面說明了怎樣透過照片的創意豐富我們的生活，每一個章節都充滿趣味和值得你學習的東西哦！

　　照片是我們日常生活中最常見的物品之一，它記錄了我們的成長、收藏了我們的回憶。有時候自己珍藏的照片出現瑕疵，好想補救，不要著急，本書的 Chapter02 就會告訴你如何處理有瑕疵的照片。你是不是也常在網路上看到很有感覺的照片色調，但是自己卻調不出來？沒關係 我們在 Chapter03 就會教你如何調整出讓人眼前 亮的照片色調。照片還可以透過 Photoshop 的處理變得更加"有質感"，尤其是將其製作成社群網站的介面，就更能表現出你的與眾不同啦！ Chapter04 將教給你具體的方法。你是不是也很想嘗試現在非常流行的照片塗鴉？不用煩惱，當你學習了 Chapter05 為你精心準備的照片塗鴉技巧之後，怕你以後想不在你的照片上塗鴉都難哦！創意源自生活又優於生活，只要你注意觀察身邊事物，就會發現原來生活中有那麼多的小情趣可以得到淋漓盡致的表現，Chapter06 將為你帶來很多啟發。我們也不要忘了自己動手 DIY 生活，因為妝點美好生活，就是這麼簡單。看了 Chapter07 中的舉例，你的創意靈感也許會再次爆發哦！編寫這本書，就是想和大家分享自己的趣味生活，同時這本書也非常適合喜愛創意生活的人們學習參考！

　　快點行動起來吧，釋放自己的創意活力，你的生活將變得更加有趣和美好！

編 者

▲ 調整色彩使畫面溫馨浪漫

▲ 用文字工具和畫筆工具製作手機螢幕保護程式

▲ 添加浮水印表現懷舊感

▲ 為照片添加趣味對話

▲ 調整色調打造誘人美食

▲ 為照片添加創意元素

▲ 裝飾生活中的小物件

▲ 利用黑白命令製作對比效果

▲ 設計個人專屬大頭貼

▲ 趣味塗鴉使畫面樂趣無窮

▲ 換個角度為畫面添加新意

▲ 用筆刷工具令畫面充滿創意

▲ 打造寫實人物插畫

▲ 利用曲線使照片明亮

▲ 製作獨一無二的結婚請帖

▲ 使用"色彩平衡"命令使照片色彩平衡

▲ 製作自己的包裝貼紙

▲ "紋理化"濾鏡使畫面更生動

▲ 用筆刷工具繪製小精靈

▲ 使用畫筆工具讓畫面煥然一新

▲ 為圖片添加可愛元素

# Chapter 01

## 11招 教你成為 Photoshop達人

# Chapter 02

## Photoshop照片 魔法棒

# Chapter 03

## 照片色彩"大作戰"

Chapter 01

11 招
教你成為
Photoshop 達人

Photoshop 是一款非常值得研究和學習的圖形影像軟體，它的功能十分強大。特別是在我們的日常生活中可用於處理照片，並且能使照片變得非常有意思喲！下面就讓小編來教你 11 招利用 Photoshop 處理照片的常用技巧，幫助你掌握利用 Photoshop 處理圖片時最常用到的功能，使你成為 Photoshop 達人！

# 01 影像尺寸和畫面效果的化學反應

你是不是常常聽到一些"PS 達人"說起影像尺寸什麼的，影像尺寸和畫面效果之間到底存在什麼樣的關係呢？簡單來說，影像尺寸越大，可承載的影像內容越多，呈現出的畫面效果越豐富。在學習運用 Photoshop 製作圖檔的過程中，我們首先要學會調整影像大小和版面尺寸。這樣才能更準確地表現出你需要的畫面上的精度哦！

對版面尺寸的調整可以在一定程度上影響影像尺寸的大小。執行"影像 > 版面尺寸"命令，打開"版面尺寸"對話方塊，可以設定延伸影像的寬度和高度，並可以對延伸區域進行定位。同時，可以在"版面延伸色彩"下拉清單中選擇白色、黑色、灰色等顏色，也可以選擇"其它"，在彈出的"檢色器（版面延伸色彩）"對話方塊中設定顏色，最後按一下"確定"按鈕即可使影像調整生效。這樣就可以調整出你需要的版面尺寸效果了，怎麼樣？是不是很簡單呀！

要想知道影像尺寸對畫面效果的影響，先要清楚影像尺寸的作用。影像尺寸的調整是指在保留原有圖像的情況下，透過改變影像的比例來實現影像尺寸的調整。執行"影像 > 影像尺寸"命令，彈出"影像尺寸"對話方塊，在其中進行相關參數的設定，設定後單擊"確定"按鈕即可應用調整。

"影像尺寸" 對話方塊

①"像素尺寸"選項區：用於更改影像在螢幕上的顯示尺寸。

②"文件尺寸"選項區：用於設定寬度、高度和解析度，以確定影像的大小。

"版面尺寸" 對話方塊

定位中心點並擴展

定位右邊中心點並裁剪

另外一個需要瞭解的概念是影像解析度。影像解析度可以幫助你控制需要製作的圖片的大小和具體的像素解析度。影像解析度是指影像中每單位面積上的像素數目，其單位為像素 / 英寸或是像素 / 公分。在相同尺寸的兩幅影像中，高解析度的影像包含的像素數比低解析度的影像更多，也更清晰喲！

影像解析度為300時

影像解析度為20時

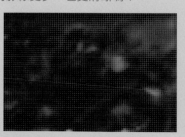

影像解析度為5時

# 02 可以任意繪製的套索工具

套索工具 ⊙ 是 Photoshop 中建立選取範圍時常用的一個工具，該工具可以隨意建立出我們想要的選取範圍，只要在影像中按住滑鼠左鍵不放並拖曳滑鼠，完成後放開滑鼠，不管終點與起點是否疊合，系統會自動合併成一個封閉選取範圍耶！

## 簡單的選取範圍建立工具原來這麼強大

在 Photoshop 中有很多工具是專為建立選取範圍而設計的，這些工具各有各的特點，可以幫助我們建立出所需的各種選取範圍，例如矩形、正方形、不規則選取範圍等。針對不同圖形選擇合適的選取範圍建立工具，可以使工作更加事半功倍喲！

## 不可忽視的矩形選取畫面工具

讓我們首先來認識一下選取範圍建立工具 ⊞ 中的"大哥大"——矩形選取畫面工具，利用該工具可以在影像上建立任意一個你所需要的矩形選取範圍。只需要按一下工具箱中的矩形選取畫面工具 ⊞ 或按下快速鍵 M，即可選擇矩形選取畫面工具 ⊞。例如下圖就是透過矩形選取畫面工具搭配填色工具建立的簡單相框，真的是非常方便喲！

打開圖片，使用矩形選取畫面工具建立選取範圍並反轉　　　　將選取範圍填充為白色，製作照片的相框

## 婀娜多姿的橢圓選取畫面工具

再來看看和矩形選取畫面工具 ⊞ 相似的橢圓選取畫面工具 ⊙。利用橢圓選取畫面工具 ⊙ 可以建立出橢圓或正圓形選取範圍。按一下該工具後在影像中按住滑鼠左鍵不放，拖曳滑鼠即可建立橢圓選取範圍。按住 Shift 鍵在影像中拖曳，則可繪製出正圓選取範圍哦！

建立出隨意的橢圓選取範圍　　　　　　　　　　建立出正圓選取範圍

## 更為精確的快速選擇工具

接下來我們來認識一下更為精確的快速選擇工具吧！使用這些快速選擇工具可以快速準確地建立出所需要的選取範圍哦！特別是在後面的去背，真的是非常實用並且簡單方便耶！

## 令人著迷的魔術棒工具

在 Photoshop 的選取範圍建立工具中，最特別的就是魔術棒工具，該工具是根據影像顏色來建立選取範圍的。對於色彩對比較大的影像，使用魔術棒工具來建立選取範圍是最佳選擇。讓我們瞭解一下其屬性欄中常用選項的作用吧！"容許度"文字方塊可用於設定在影像中按一下時顏色的取樣範圍，其值在 0~255 之間。該數值越大，所建立出來的選取範圍也就越大。

## 不可不知的快速選擇工具

快速選擇工具是非常常用的一個工具，它使用起來非常方便，透過在影像上按一下拖曳滑鼠即可建立選取範圍。建立選取範圍時，選取範圍會隨著游標的移動而自動向外擴展，並自動隨著影像定義選取範圍邊緣。快速選擇工具擁有魔術棒工具與筆刷工具的特點，非常值得學習掌握！

原圖　　　　　　　快速選擇人物影像　　　　　　　將其放置於另一個畫面上

## 利用"顏色範圍"命令建立選取範圍

現在小編要教你大絕招啦！在 Photoshop 中可以透過顏色範圍命令來建立選取範圍。透過執行"選擇 > 顏色範圍"命令，在打開的影像中按一下或拖曳確定所選的顏色，可以增減色彩取樣和矇矓度。可以在上方的"選取"下拉清單中選取固定的色彩，也可以在底部的"選取範圍預覽"下拉清單中更改影像的預覽效果。"負片效果"選取用於交替預覽選擇與被選擇區域。這樣的製作真的是非常方便和有效！

使用"顏色範圍"命令建立紅色花瓣的選取範圍並對其色調進行調整

# 03 你不可不知的去背小技法

在學習了怎樣快速建立選取範圍之後，我們再來學習怎麼去背。擷取照片中所需的部分影像，是數位照片處理中的必備技法。這些去背小技法往往具有化腐朽為神奇的功效，學會了它們，可以讓你在處理照片時如虎添翼。

## 擷取輪廓不是很清晰、背景較為整體的物件

快速選擇工具☑是擷取影像最常用的工具之一，使用快速選擇工具☑可以透過調整筆刷的筆觸、硬度和間距等參數，而快速透過按一下或拖曳建立選取範圍。拖曳時，選取範圍會向外擴展並自動尋找和跟隨影像中的邊緣，從而擷取影像，如果將擷取的影像放置在另一個情境中，影像效果會別具意味哦！

　　原圖　　　　　　　使用快速選取工具將影像擷取　　　　　新增到另一個情境中

## 擷取輪廓較為明顯的物體

當需要處理的圖形與背景有顏色上的明顯反差時，磁性套索工具☑非常好用。反差越明顯，用磁性套索工具擷取的影像就越精確。

　　原圖　　　　　　　使用磁性套索工具擷取影像　　　　　新增到另一個情境中

## 擷取輪廓清晰的建築

多邊形套索工具☑多用於擷取輪廓呈明顯多邊形的圖形影像，比如樓房、書本等景物，且去背十分快捷精確。尤其在擷取棱角分明的建築房屋時非常實用。

　　原圖　　　　　　　使用多邊形套索工具擷取影像　　　　　新增到另一個情境中

### 使用色版擷取影像

在學習了這麼多擷取影像的小技法之後，我們來學一下高級一些的去背技術，是不是 Photoshop 高手就是從這些方面來表現的哦！可以利用色版的差異性進行去背，有些影像，在色版的不同顏色模式下所顯示顏色的深淺會有所不同，利用這些差異可以快速選擇影像，從而進行完美的去背。

下面小編將教你怎樣使用色版快速地將影像擷取出來。選擇需要擷取的影像，打開"色版"面板，按一下需要的色版，將其拖曳到"建立新色版"按鈕 ▣ 上，取得該色版的複本，按下快速鍵 Ctrl+L 調整複本色版的色階，使其黑白對比分明。並搭配筆刷工具 ✎ 塗抹需要擷取的部分，使畫面具有黑白兩個色塊，按住 Ctrl 鍵按一下之前的複本色版，得到白色部分的選取範圍，回到 RGB 色版，會得到輪廓和部分背景選取範圍。

使用色版擷取汽車影像

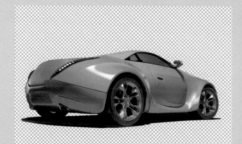

將擷取出來的汽車影像配置在合適的畫面上

### 如何擷取帶有複雜毛髮的照片

對很多人來說，去背的難點在於，不知道怎樣將具有毛髮的照片真實地擷取出來，下面小編將為大家講解這一類去背中至關重要的技法。擷取具有複雜毛髮的照片是照片擷取較為複雜的操作，它主要是透過使用色版去背再搭配圖層的混合模式，對複雜毛髮照片進行擷取，並將擷取出來的物件新增到另一個符合情境的影像中，使其具有一定的藝術效果。

使用色版擷取人物

## 04 筆刷工具的不平凡之處

　　Photoshop 的繪製工具是由日常生活中的真實繪畫工具衍生而來的,利用軟體內建的繪製工具即可在畫面中繪製影像。學會繪畫操作就可以在很大程度上自行繪製所需的影像效果,同時也使影像處理更加自由,現在就讓我們來一起利用筆刷繪畫吧!

　　筆刷是個好東西,使用筆刷並不難,難的是怎樣用好筆刷。在英文輸入法狀態下按下快速鍵 B,即可從工具箱中選擇筆刷工具 ☑。筆刷工具可以類比真實的筆刷用於影像的繪製,並具有靈活強大的實用功能。透過設定筆刷的大小及透明度等屬性,可以任意調整筆刷的樣式和屬性。

　　在 Photoshop 中有很多工具是專為繪製影像而設計的,這些工具可以幫助我們建立出所需的各種圖形,然而 Photoshop 最為神奇的工具就是筆刷工具啦!

選擇一種繪畫工具或編輯工具,然後按一下屬性欄最左側的筆刷下拉按鈕即可在彈出的筆刷預設選取器中選擇筆刷,也可以從筆刷面板中選擇筆刷。要想檢查載入的預設筆刷,請按一下面板左上角的"筆刷預設"按鈕。另外,可以更改筆刷大小和硬度等參數,設定出自己所需的筆刷。

使用尖角筆刷繪製的圖案

使用圓角筆刷繪製的圖案

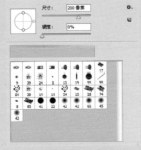

筆刷預設選取器

在對目前選擇筆刷重新設定大小或其他屬性後,可新增預設的筆刷。在筆刷預設選取器中,按一下右上方的擴展按鈕 ☀,在彈出的功能表中選擇"新增筆刷預設集"命令,在彈出的對話方塊中可設定目前筆刷的名稱,完成後按一下"確定"按鈕,即可新增筆刷預設。然後在筆刷預設選取器中可看到新增的預設筆刷。

"筆刷名稱" 對話方塊

重新命名

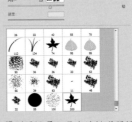

筆刷預設選取器中的新增預設

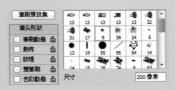

使用自訂筆刷繪製的圖案

有些繪畫工具雖然不是那麼引人注意，但卻是不可忽視的一部分，其中就包括鉛筆工具 ✐。鉛筆工具也是繪畫工具 ✐ 的一種，它在我們平時的做圖中非常有用，不僅可以繪製一些非常漂亮的線狀紋理、像素畫，還可以繪製一些圖形應用到手機遊戲中。

使用鉛筆工具繪製可愛圖形

還有一個特殊的顏色取代工具 ✐，該工具 ✐ 是一款非常靈活精確的顏色快速取代工具。操作的時候，我們只要先設定好前景色，並在屬性欄中設定相關的參數（如模式、容許度等），然後在需要替換的色塊或影像上塗抹，顏色就會被替換為之前設定的前景色。同時我們也可以透過取樣一次或取樣背景色等操作，更加精確地替換顏色。

使用顏色取代工具替換畫面上人物頭髮的顏色

你知道嗎？我們學會設定筆刷預設選取器和筆刷面板，就可以隨心所欲地調出自己喜愛的筆刷喲！筆刷的屬性主要包括大小、硬度、不透明度、流量及筆刷預設等。選擇筆刷工具以後，在繪圖區上方的屬性欄中就可以看到這些屬性。雖然只有幾個選項，不過應用非常靈活，我們可以選擇其中的一個或多個進行設定，搭配出不同的筆刷，是不是很神奇呀？

原圖　　　　　　　　設定筆刷屬性後繪製的光斑　　　　　筆刷面板

## 05 建立個性自訂圖案

　　在學習了筆刷工具之後，我們還認識了自訂筆刷，現在我們來學習如何建立屬於自己的個性自訂圖案。這可以透過很多種方式來表現哦！首當其衝的當然是"定義圖樣"命令，即先繪製自訂的圖案，然後透過該命令將其新增到圖庫中。另外，我們可以直接使用自訂形狀工具來繪製個性自訂圖案。在小編沒有講解以前，你一定不知道原來自訂圖案有這麼多的實現方式吧！

　　前面在講解筆刷工具時已經詳細說明了如何自訂筆刷預設，下面我們就來使用"定義圖樣"命令建立一個有個性的自訂圖案吧！

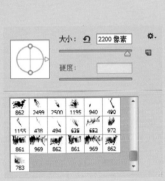

使用自訂筆刷工具製作自訂圖案

　　我們先使用筆刷工具繪製自己喜歡的圖案，執行"編輯 > 定義圖樣"命令，在彈出的"圖案名稱"對話方塊中設定圖案的名稱，完成後按一下"確定"按鈕，即可將自己繪製的圖案自訂到圖案庫中。在需要使用如下圖的自訂圖案作為連續圖案時，可以按一下"新增圖層樣式"按鈕 fx.，選擇"圖樣覆蓋"選項，並設定圖案為自訂的圖案，完成後按一下"確定"按鈕。

使用筆刷繪製自己需要的圖案

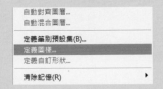

新增自訂圖案

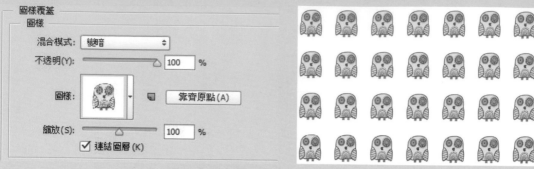

圖樣覆蓋
圖樣
混合模式： 變暗
不透明(Y)： 100 ％
圖樣： 靠齊原點(A)
縮放(S)： 100 ％
☑ 連結圖層 (K)

新增 "圖案覆蓋" 圖層樣式時使用自訂圖案

將自訂的個性圖案新增在照片上

　　我們還可以透過使用自訂形狀工具 繪製自己需要的簡單且富有個性的自訂圖案，只需要按一下自訂形狀工具 ，在其屬性欄中選擇需要的形狀，並設定自訂圖案需要的顏色，然後按住 Shift 鍵在畫面上合適的位置繪製自己需要的自訂圖案即可。這很簡單哦，可以很方便地製作出個性的自定義圖案呢！

使用自訂形狀工具在照片上繪製簡單且富有個性的圖案

# 06 不可思議的圖層樣式

圖層可以說是 Photoshop 的"靈魂"，圖層承載了影像的全部資訊。這些資訊可以是整體或者部分的影像，不同的圖層能設定不同的圖層樣式。可以說圖層樣式就是使影像更加美麗的必要關卡。

## "斜角和浮雕" 圖層樣式

"斜角和浮雕"圖層樣式可以為影像新增具有不同立體質感的斜角及浮雕效果。透過應用其"內斜角"、"外斜角"、"浮雕"、"枕狀浮雕"或"筆畫浮雕"樣式，可調整應用斜角和浮雕的相對位置，以獲取不同的效果。在"斜角和浮雕"圖層樣式中可以對平滑度進行調整，以柔化或增強邊緣浮雕細節；透過設定"陰影"選項群組，可以調整浮雕的光照效果及其角度等屬性，以使斜角浮雕效果更加貼近所在背景區域喲！

## "筆畫" 圖層樣式

"筆畫"圖層樣式可以為圖層中的影像製作輪廓效果。透過設定 Photoshop 筆畫面板中的選項來調整筆畫影像的大小、位置和類型效果，進而為圖層增添一定的色彩。

## "陰影" 圖層樣式與 "內陰影" 圖層樣式

"陰影"是在畫面上新增圖案時常用的圖層樣式，這樣製作出來的圖案效果會更加立體。"內陰影"圖層樣式效果與"陰影"圖層樣式新增外部陰影的效果相反，但兩者的設定選項和應用方式一致。

## "內光暈" 圖層樣式

"內光暈"圖層樣式用於新增圖層所對應影像的內部發光效果。在該圖層樣式中，可設定內部發光像素的位置，透過設定其為"居中"或"邊緣"，設定發光方向是以中心點向外蔓延還是從邊緣區域向內蔓延。不得不說，有時候內光暈效果真是美極了，特別是在製作夜景照片的時候。

## "顏色覆蓋" 圖層樣式

"顏色覆蓋"圖層樣式可為圖層中的影像覆蓋顏色效果。應用該圖層樣式時，可設定覆蓋的顏色、混合模式和不透明度。

## "漸層覆蓋" 圖層樣式

"漸層覆蓋"圖層樣式可用於為圖層中的影像新增漸層顏色的填充效果。應用該圖層樣式時，可以設定覆蓋的漸層顏色及其漸變樣式、混合模式、不透明度、光照方向，以及邊緣樣式的縮放程度等屬性，為圖層調整出豐富的漸變填充效果。

## "圖樣覆蓋" 圖層樣式

"圖樣覆蓋"圖層樣式可用於為圖層中的影像新增指定圖案的填充效果。應用該圖層樣式可將指定的圖案像素覆蓋到影像中，同時可設定覆蓋圖案的混合模式、不透明度和縮放程度等屬性。

## "外光暈" 圖層樣式

"外光暈"圖層樣式用於為圖層中的影像邊緣新增外部發光的效果。與"陰影"圖層樣式的加深混合模式不同，該圖層樣式在混合模式上預設為"濾色"，以便調亮影像邊緣的發光顏色。透過設定影像邊緣發光像素羽化度、大小及其顏色，可調整影像發光的程度和發光色調，製作出所需的圖案光感。

## 07 賦予照片新生命的生動文字

文字是傳遞資訊的重要工具之一，文字能夠直覺地將資訊傳遞出去，是藝術創造中不可缺少的內容。文字工具在 Photoshop 中同樣佔有重要的地位，文字在設計中有著不可替代的作用，優秀的文字排版能夠讓作品錦上添花。同樣，在照片製作的過程中新增上一些文字，有時能夠令你的照片更加精彩！

我們在製作文字的時候按一下水平文字工具 T，設定前景色為紫色，輸入所需文字，按兩下文字圖層，在其屬性欄中設定文字的字體樣式及大小。有時候需要將文字圖層轉換為普通圖層，這樣就可以更加方便地製作需要的文字效果了，因此我們還可以對文字進行點陣化。

打開的照片　　　　　　　　　輸入並設定需要的文字　　　　　　點陣化文字並新增圖案

建立文字最基礎的工具是水平文字工具 T 或垂直文字工具 T，可透過按一下文字工具 T 直接建立文字。我們還可以透過滑鼠拖曳建立文字方塊，水平文字工具 T 和垂直文字工具 T，可以在輸入文字後按一下其屬性欄中的"切換文字方向"按鈕 T，相互轉換。這樣是不是很方便呢？

原圖　　　　　　　　　　使用垂直文字工具建立文字　　　　　使用水平文字工具建立文字

如果想要在製作好的文字中插入點文字，只需要使用水平文字工具 T 或垂直文字工具 T，在影像中按一下滑鼠，即可在影像中定位文字插入點輸入對應的文字，在屬性欄中按一下"送出"按鈕 ✓，這樣就可以建立點文字啦！是不是很簡單呀？

原圖　　　　　　　　　　　　在圖片上插入文字　　　　　　　　　建立點文字

有人常常問我，建立段落文字有什麼作用呀？建立段落文字可以方便地對文字進行管理，對格式進行設定。按一下水平文字工具 T 或垂直文字工具 T，在影像中拖曳滑鼠繪製文字方塊，文字插入點將會自動插入到文字方塊的前端，在文字插入點輸入文字，當輸入的文字到達文字方塊邊緣時則自動換行，也可以按下 Enter 鍵手動換行。

原圖

建立矩形文字框

建立段落文字

行距即文字行與行之間的距離，可以透過字元面板進行調整。我們在對文字進行調整的時候，很多情況下都要使用字元面板。建立矩形文字框在字元面板中可以看到，預設情況下行距為"自動"。調整行距時，只需選擇文字所在的圖層，在字元面板的"設定行距"下拉清單中選擇對應點數即可。

知識點播：在製作畫面中文字的過程中，文字的間距即文字間的比例間距，數值越大則字距越小。同時調整文字的字與字之間的間距，即稱"字距調整"。預設情況下，比例間距為0%，在字元面板中按一下"設定選取字元的比例間距"下拉按鈕，在彈出的清單中選擇對應的百分比即可對文字的比例間距進行調整。

**"設定選取字元的字距調整"下拉清單：** 在該下拉清單中可直接輸入數值或將游標放置於圖示上，當游標變為形狀時左右移動位置，即可設定所選擇的字元之間的距離。其取值範圍為 -1000~10000，數值越大，字元間的間距越大。

原圖

設定字距為負值

設定字距為正值

在 Photoshop 中，應用"彎曲文字"命令變形輸入的文字，可製作出豐富多彩的文字變形效果。還可以對文字的水平形狀和垂直形狀進行對應調整，使文字效果更加多樣化。執行"文字 > 彎曲文字"命令，打開"彎曲文字"對話方塊，在其中設定變形的樣式和對應的參數，完成後按一下"確定"按鈕即可完成變形文字效果。

輸入文字

"彎曲文字"對話方塊

建立變形文字

想要製作富有動感的沿曲線排列的文字嗎？沿曲線排列文字是使文字沿著路徑的形狀進行排列，從而在一定程度上豐富文字的影像效果。使用筆型工具或任意形狀工具在影像中繪製路徑，並使用水平文字工具，將游標移動至繪製的路徑上，當游標變為形狀時，在路徑上按一下，此時游標會自動吸附到路徑上，定位文字插入點。在文字插入點後輸入文字，文字即會自動圍繞路徑進行繞排輸入。需要注意的是，文字插入點的大小將會受文字大小設定的影響。快來建立自己的路徑文字吧！

繪製路徑

使用文字工具，將游標吸附在路徑上

建立路徑文字

建立遮色片文字是 Photoshop 中的一種進階文字製作過程，以文字邊緣為輪廓形成的文字選取範圍被稱為文字選取範圍。建立遮色片文字的常用方式是使用文字遮色片工具。Photoshop 提供了水平文字遮色片工具和垂直文字遮色片工具，可以建立未填充顏色的以文字為輪廓邊緣的選取範圍。可以透過為文字選取範圍填充漸層顏色或圖案，以製作出更多更特別的文字效果。

原圖

使用水平文字遮色片工具輸入文字

將文字選轉換為選取範圍

# 08 一起來 "混合模式" 一下吧

在 Photoshop 中，很常用圖層混合模式，必須要學！圖層混合模式就是指一個圖層與其下方圖層的色彩覆蓋方式。我們平時一般使用的是正常模式，除了正常模式以外，還有很多種混合模式，使用它們可以使影像產生迥異的合成效果。

使用圖層混合模式製作的精彩特效設計

使用圖層混合模式調整照片顏色

在 Photoshop 中圖層混合模式包括溶解、變暗、色彩增值、加深顏色、線性加深、覆蓋、柔光、實光、強烈光源、線性光源、小光源、實色疊印混合、差異化、排除、色相、飽和度、顏色、明度等選項。下面我們將選取一些常用的圖層混合模式進行詳細講解，使你對常用的圖層混合模式有進一步深入的瞭解。

"色彩增值"混合模式是使用頻率非常高的圖層混合模式，它會檢查每個色版中的顏色資訊，並對底層顏色進行色彩增值處理。其原理和色彩模式中的"減色原理"是一樣的。這樣混合產生的顏色總是比原來的要暗。如果和黑色進行色彩增值，產生的就只有黑色。而與白色混合就不會對原來的顏色產生任何影響，多用於製作具有一定紋理的畫面。

將影像新增到另一個影像上

使用 "色彩增值" 混合模式的效果

"柔光"混合模式的效果類似為影像打上一盞散射的聚光燈。如果上層顏色亮度高於 50% 灰，底層會被照亮；如果上層顏色亮度低於 50% 灰，底層會變暗，就好像被燒焦了似的。"柔光模式"可以徹底調節影像。

原圖

新增圖層並使用粉色填充

使用 "柔光" 混合模式製作的效果

在使用 Photoshop 製作人物彩妝或上色的過程中，"覆蓋"混合模式是非常適合的，覆蓋時進行色彩增值混合還是螢幕混合，取決於底層顏色。顏色會被混合，但底層顏色的亮部與陰影部分的明度細節會被保留。

依次使用不同顏色的覆蓋製作出具有藝術效果的畫面

# 09 好樣的 "遮色片"

遮色片以隱藏的形式來保護下方的圖層，在編輯的同時保護原影像不會被編輯破壞，下面先來認識一下遮色片，先摸摸底兒看看你到底對遮色片瞭解多少。

知識點播：遮色片又稱 "遮罩"，是一種特殊的影像處理方式，它能對不需要編輯的部分影像進行保護，產生隔離的作用。遮色片就像覆蓋在圖層上的 "奇妙玻璃"，白色玻璃下的影像原封不動地顯示，黑色玻璃下的影像被隱藏，灰色玻璃下的影像呈半透明的效果。

建立遮色片有兩種情況，一是當圖層中沒有選取範圍時建立遮色片，二是在圖層中包含選取範圍時建立遮色片。圖層遮色片是影像處理中最常用的遮色片，它主要用於顯示或隱藏圖層中多餘的影像，在編輯的同時原圖不被編輯破壞。為普通圖層新增圖層遮色片，可隱藏部分不需要的影像。圖層遮色片依附於圖層而存在，透過使用筆刷工具在遮色片上塗抹，可以只顯示需要編輯的部分影像。應用 "刪除圖層遮色片" 命令，即可還原影像效果哦！

原圖　　　　　　　　　　刪層遮色片　　　　　　　　　將人物去背

根據個人習慣，向量圖遮色片在製作圖片效果的過程中有多有少，向量圖遮色片與圖層遮色片一樣，都是依附圖層而存在的。主要是透過路徑製成遮色片，隱藏路徑覆蓋的影像區域，顯示沒有路徑覆蓋的影像區域。不如我們現在來試一試它的效果吧！

原圖　　　　　　　　　　向量圖遮色片　　　　　　　　向量圖遮色片效果

知識點播：在圖層面板中可將向量圖遮色片轉換為圖層遮色片進行編輯。選擇向量圖遮色片縮圖，執行 "圖層>點陣化>向量圖遮色片" 命令，或按一下滑鼠右鍵，在彈出的快速功能表中選擇 "點陣化向量圖遮色片" 命令，即可將向量圖遮色片轉換為圖層遮色片。此時可以看到將灰色的向量圖遮色片轉換為黑白圖層遮色片效果顯示。

圖層剪裁遮色片是進行進階圖片編輯必須要掌握的功能，執行"圖層 > 建立剪裁遮色片"命令，或在圖層面板中按住 Alt 鍵的同時將游標移至兩個圖層之間的分割線上，當其變為形狀時 ，按一下滑鼠左鍵，即可建立剪裁遮色片。

原圖　　　　　　　　　　　　　　　　　　將花朵摳出複製並建立其剪裁遮色片

知識點播：當建立了剪裁遮色片後，執行"圖層>解除剪裁遮色片"命令，即可將該圖層以及其上的所有圖層從剪裁遮色片中移出；選擇底圖上方的圖層並執行該命令，即可解除剪裁遮色片中的所有圖層。也可以在按住Alt鍵的同時在要釋放的圖層之間按一下，當游標變為形狀時，即可釋放上方的所有圖層。

我們有時候需要複製或刪除所在圖層的圖層遮色片，下面小編將為你詳細介紹。在圖層面板中，為"圖層 1"新增圖層遮色片，並選擇"圖層 1"的圖層遮色片縮圖，當游標變為時，將"圖層 1"遮色片縮圖拖曳到"圖層 2"中，即可移動圖層遮色片。若按住 Alt 鍵拖曳遮色片縮圖到"圖層 2"中，則可複製目前圖層遮色片。

原圖　　　　　　　　　　　　　　　　　　複製圖層遮色片後的效果

知識點播：剪裁遮色片是由底層和內容層組成的。底層用於定義顯示影像的範圍或形狀；內容層用於存放將要表現的影像內容。使用剪裁遮色片可在不影響原始影像的同時有效地完成剪貼製作。建立剪裁遮色片和解除剪裁遮色片有多種方法。最快捷的方法是透過按下快速鍵Ctrl+Alt+G建立剪裁遮色片，再次按下該快速鍵即可解除剪裁遮色片。

我們在製作影像的過程中，有時候需要暫時關閉圖層遮色片以檢查畫面效果，因此需要瞭解如何停用和啟用向量圖遮色片以檢查使用遮色片前和停用遮色片時的效果。按住 Shift 鍵的同時按一下向量圖遮色片縮圖，在向量圖遮色片縮圖中出現一個紅色的 X 標記，即停用目前向量圖遮色片遮罩影像效果。若要啟用圖層遮色片，可再次在按住 Shift 鍵的同時按一下向量圖遮色片縮圖，或在選取向量圖遮色片的同時按一下滑鼠右鍵，在彈出的快速功能表中選擇"啟動向量圖遮色片"命令。

關閉向量圖遮色片　　　關閉後效果　　　啟動向量圖遮色片　　　啟用後效果

　　在圖層縮圖和遮色片縮圖之間有一個"指示圖層遮色片連結到圖層"按鈕 ⅋，按一下該按鈕即可取消圖層與圖層遮色片之間的連結。在影像檔中可使用移動工具 ▸⊹ 分別移動其位置，影像效果也會發生改變。再次按一下該按鈕可連結圖層和圖層遮色片，對其進行移動時將會同時移動。

"圖層"面板　　　　　　連結圖層遮色片　　　　　取消連結圖層遮色片

知識點播：在使用快速遮色片編輯影像時，由於編輯的主體物顏色與快速遮色片顏色相同，將導致處理不當等問題。因此可按兩下"以快速遮色片模式編輯"按鈕，在彈出的"快速遮色片選項"對話方塊中按一下預設的紅色色塊，在彈出的"檢色器"對話方塊中任意設定一個反差較大的顏色，完成後按一下"確定"按鈕即可。

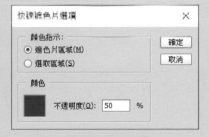

原圖　　　　　　　在"快速遮色片選項"　　　在快速遮色片編輯狀態下
　　　　　　　對話方塊中設定顏色為紫色　　　編輯主體影像

知識點播：在"快速遮色片選項"對話方塊中按一下設定"不透明度"的參數值，可更改快速遮色片在影像中編輯時的顏色不透明效果。

設定顏色"不透明度"為20%　　　　　　　　設定顏色"不透明度"為80%

29

# 10 簡單的配色卻有不簡單的美

　　大自然具有很強烈的融合性，它包容著世界上的萬物，包括我們人類。在生活中，每一處景色都是那樣的和諧和生動，它們是由無數顏色搭配而成的。生活中這些簡單的色彩搭配，看似平常卻有不簡單的美。特別是運用到我們的設計中時，更能坐收出乎意料的效果。不如我們就來一睹為快吧！

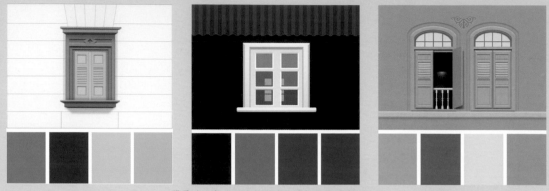

簡單的配色將不同類型的窗戶色彩搭配得美極了

　　小編在網站上搜尋到了很多小清新的畫面配色喲，趕快和我的小夥伴們一起來分享吧！這些配色雖然簡單，卻非常值得我們在對畫面的色調進行調整時借鏡和學習。

配色非常小清新的畫面

## 11 "濾鏡" 讓你的照片更不一樣

濾鏡在 Photoshop 中的作用就如神一樣的萬能,不會濾鏡操作等於不會 Photoshop 特效。學習 Photoshop 影像處理軟體時,掌握濾鏡是必修課。使用濾鏡可以使你製作出來的畫面更加具有藝術效果和獨特的視覺效果。在掌握了前面的知識的同時,學習運用濾鏡進行製作,會使畫面效果變得大不一樣。

使用濾鏡製作的效果

在 Photoshop 中,濾鏡是一種特殊的影像處理技術,用於實現影像的各種特殊效果。濾鏡的作用非常神奇,可以根據影像的需要選擇不同的濾鏡來實現特殊效果。在 Photoshop 中,濾鏡收藏館收集了所有濾鏡中常用的和典型的濾鏡,既可以覆蓋應用多個濾鏡,也可以即時預覽影像效果,方便處理影像。下面我們就先來看看濾鏡收藏館吧!執行"濾鏡 > 濾鏡收藏館"命令即可打開"濾鏡收藏館"對話方塊。在濾鏡收藏館中有 6 個不同類型的濾鏡分類,可以根據影像的需要選擇對應的濾鏡來實現效果。

"濾鏡收藏館" 對話方塊

⓪① **預覽框**:預覽影像處理後的效果,按一下底部的⊟或按鈕⊞,可縮小或放大預覽框中的影像,方便檢查影像細節和整體變化。

⓪② **濾鏡列表**:按一下濾鏡資料夾可展開該資料夾中的濾鏡,按一下濾鏡縮圖,可以在預覽框中檢查利用該濾鏡處理影像後的影像效果。

⓪③ **"打開 / 關閉濾鏡清單"按鈕** :按一下該按鈕即可隱藏或顯示濾鏡清單區域。透過關閉列表可以擴展預覽框。

⓪④ **參數設定區域**:應用不同濾鏡時,在該區域顯示不同的選項群組,透過在該區域設定參數值,可以調整影像效果變化。

⓪⑤ **濾鏡效果管理區**:該區域顯示對影像使用過的濾鏡,預設情況下,目前使用的濾鏡會自動出現在列表中,按一下"新增效果圖層"按鈕,可以新增與目前濾鏡相同的效果圖層。

### "風格化"濾鏡

　　"風格化"濾鏡主要作用於影像的像素，可以強化影像的色彩邊界，所以影像的對比度對此類濾鏡的影響較大，其最終營造出的是一種印象派的影像效果。可以用相對於白色背景的深色線條來勾畫圖像的邊緣，得到影像的大致輪廓。如果我們先加大影像的對比度，然後再套用此濾鏡，可以得到更多更細緻的邊緣。

### "邊緣亮光化"濾鏡

　　使用"邊緣亮光化"濾鏡可以突出影像邊緣，形成一種類似霓虹燈的光亮效果。該濾鏡常用於為一些圖像新增藝術邊緣效果，結合圖層混合模式能夠使光影效果更加自然。

原圖　　　　　　複製並使用"邊緣亮光化"濾鏡　　　　選取邊緣，設定混合模式，突出人物

### "筆觸"濾鏡集

　　"筆觸"濾鏡集中有"交叉底紋"、"角度筆觸"、"油墨外框"、"強調邊緣"、"噴灑"、"墨繪"、"潑濺"、"變暗筆觸" 8 種濾鏡，設定不同的選項，可以建立出自然繪畫般的影像效果。

### "交叉底紋"濾鏡

　　"交叉底紋"濾鏡採用對角筆畫重新繪製影像，得到斜筆劃風格的效果，透過設定繪製線條的長度和方向可以調整像影像效果。

使用"交叉底紋"濾鏡製作出的影像效果

### "油墨外框"濾鏡

　　"油墨外框"濾鏡採用纖細的線條在原細節上重新繪製影像，得到鋼筆畫風格的效果，透過設定光源強度和暗度強度可以調整墨水的濃淡效果。

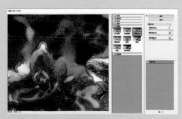

使用"油墨外框"濾鏡製作出的影像效果

### "噴灑"濾鏡和"潑濺"濾鏡

　　"噴灑"濾鏡和"潑濺"濾鏡在效果上比較類似，都是簡化影像，看起來像被雨水沖刷或打濕的影像效果，非常有詩意。

*"噴灑濾鏡"和"潑濺"濾鏡製作出的畫面效果*

### "扭曲"濾鏡集

　　在瞭解了"筆觸"濾鏡集之後，接下來我們瞭解一下"扭曲"濾鏡集，"扭曲"濾鏡集中有"玻璃效果"、"海浪效果"、"擴散光暈"3種濾鏡。設定不同的選項，可以產生不同的扭曲效果。一起來看一下吧！

### "玻璃效果"濾鏡

　　"玻璃效果"濾鏡可以模擬透過不同類型的玻璃觀看影像的效果。可以根據自己的習慣設定不同的紋理或載入自訂 PSD 格式的紋理檔，製作出更豐富的效果。

*使用"玻璃效果"濾鏡製作出的畫面效果*

### "海浪效果"濾鏡

　　"海浪效果"濾鏡是將隨機分割的波紋新增到影像中，使影像產生在水中的視覺效果。特別可以運用於製作海面上的波紋波動效果。

*使用"海浪效果"濾鏡製作出的畫面效果*

## "擴散光暈" 濾鏡

"擴散光暈" 濾鏡，是透過擴散影像中的白色區域，使影像從選取範圍向外漸隱亮光，從而產生強烈光線和煙霧朦朧的效果。需要注意的是 "擴散光暈" 濾鏡製作出來的畫面效果會過亮需要搭配圖層混合模式和圖層不透明度才能使影像效果更加自然。快來試一試吧！

使用 "擴散光暈" 濾鏡結合圖層混合模式製作出的畫面效果

## "素描" 濾鏡集

"素描" 濾鏡集中有 "網屏圖樣"、"便條紙張效果"、"粉筆和炭筆"、"銘黃"、"畫筆效果"、"立體浮雕"、"石膏效果"、"濕紙效果"、"邊緣撕裂"、"炭筆"、"蠟筆紋理"、"印章效果"、"網狀效果" 和 "影印" 14 種濾鏡。使用該濾鏡集中的濾鏡時，需要先對前景色和背景色進行設定，前景色和背景色的顏色將直接影響濾鏡效果。設定不同的選項，可以建立出手繪的影像等效果。

## "濕紙效果" 濾鏡和 "邊緣撕裂" 濾鏡

"濕紙效果" 濾鏡是在潮濕的纖維紙上塗抹，製作出顏色溢出、混合、滲透的特殊藝術效果。"邊緣撕裂" 濾鏡是粗糙的撕裂紙片狀影像的重建效果，使用前景色和背景色為影像上色，比較適合對比度較高的影像。

"濕紙效果" 濾鏡效果

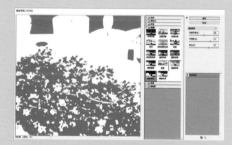

"邊緣撕裂" 濾鏡效果

## "炭筆" 濾鏡、"蠟筆紋理" 濾鏡、"印章效果" 濾鏡

"炭筆" 濾鏡可以使影像產生炭筆畫的效果，前景色描繪暗部區域，背景色描繪亮部區域，類比濃黑和純白的炭筆紋理。"蠟筆紋理" 濾鏡可以模擬使用蠟筆紋理在紙上繪畫的效果。"印章效果" 濾鏡可以簡化圖像，突出主體，效果類似於用橡皮或木質圖章繪製而成。

"炭筆" 濾鏡效果

"蠟筆紋理" 濾鏡效果

"印章效果" 濾鏡效果

## "紋理" 濾鏡集

　　"紋理"濾鏡集中有"裂縫紋理"、"粒狀紋理"、"嵌磚效果"、"拼貼"、"彩繪玻璃"、"紋理化" 6 種濾鏡,可以模擬具有深度感和物質感的外觀紋理效果。

### "裂縫紋理" 濾鏡和 "粒狀紋理" 濾鏡

　　"裂縫紋理"濾鏡是將影像繪製在一個高凸現的石膏紙質感表面上,使影像產生龜裂紋理,呈現具有浮雕樣式的立體效果。"粒狀紋理"濾鏡是利用不同的粒狀紋理類型,在影像中隨機加入不規則的粒狀紋理,產生顆粒紋的效果。

"裂縫紋理" 濾鏡效果

"粒狀紋理" 濾鏡效果

### "嵌磚效果" 濾鏡和拼貼濾鏡

　　"嵌磚效果"濾鏡主要用於渲染影像,使影像看起來像馬賽克拼成的。"拼貼"濾鏡將影像分解為若干個正方形,使影像看起來像是在建築物上使用瓷磚拼成的。小編我不得不說"拼貼"濾鏡製作出來的畫面效果真的好像十字繡吶!

"嵌磚效果" 濾鏡效果

"拼貼" 濾鏡效果

### "彩繪玻璃" 濾鏡和 "紋理化" 濾鏡

　　"彩繪玻璃"濾鏡可以將影像重新繪製為玻璃拼貼起來的效果,使用前景色來填充玻璃之間的縫隙。"紋理化"濾鏡可以為影像新增不同類型的紋理,使影像看起來更有質感,還可以載入自訂的 PSD 格式檔的紋理效果。

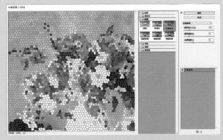
"彩繪玻璃" 濾鏡效果

"紋理化" 濾鏡效果

## "藝術風" 濾鏡集

　　"藝術風"濾鏡集中有"壁畫"、"彩色鉛筆"、"粗粉蠟筆"、"著底色"、"乾性筆刷"、"海報邊緣"、"海綿效果"、"塗抹繪畫"、"粒狀影像"、"挖剪圖案"、"霓虹光"、"水彩"、"塑膠覆膜"、"調色刀"、"塗抹沾污" 15 種濾鏡，可以將影像轉化為具有繪畫風格的藝術效果。

## "乾性筆刷" 濾鏡和 "海報邊緣" 濾鏡

　　"乾性筆刷"濾鏡用於模擬顏料快要用完的毛筆進行繪製，產生一種凝結的油畫質感。"海報邊緣"濾鏡可以減少影像中的顏色數量、尋找影像邊緣，並在邊緣的細微層次新增黑色，表現出具有張貼畫邊緣效果的影像。

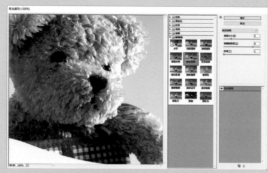

"乾性筆刷" 濾鏡效果

"海報邊緣" 濾鏡效果

## "挖剪圖案" 濾鏡和 "塑膠覆膜" 濾鏡

　　"挖剪圖案"濾鏡可以表現由幾層邊緣粗糙的色紙剪片組成的效果。"塑膠覆膜"濾鏡可以為影像塗上一層光亮的塑膠，從而強化影像中的線條及表面細節。

"挖剪圖案" 濾鏡效果

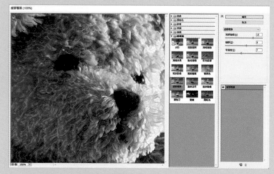

"塑膠覆膜" 濾鏡效果

　　到這裡小編這 11 招就為大家講解完了，有沒有覺得對影像處理有了一種豁然開朗的感覺？真是不看不知道，一看嚇一跳呀！原來 Photoshop 這麼強大呀！如果你認真閱讀了小編教你的每個細節並能夠熟練運用，那麼你就可以稱得上是一個 PS 達人啦！

# 知識拓展：Photoshop CC常用快速鍵

| 操作 | 快速鍵 | 操作 | 快速鍵 |
|---|---|---|---|
| **工具箱** | | | |
| 移動工具 | 【V】 | 鋼筆、自由鋼筆、新增錨點、刪除錨點、轉換點工具 | 【P】 |
| 矩形、橢圓選取畫面工具 | 【M】 | 水平文字、垂直文字、水平文字遮色片、垂直文字蒙板 | 【T】 |
| 套索、多邊形套索、磁性套索工具 | 【L】 | 路徑選擇、直接選擇工具 | 【A】 |
| 快速選擇工具、魔術棒工具 | 【W】 | 矩形、圓角矩形、橢圓、多邊形、直線、自訂形狀工具 | 【U】 |
| 裁切、透視裁切、切片、切片選取工具 | 【C】 | 手形工具 | 【H】 |
| 滴管、顏色取樣器、尺標、備註工具 | 【I】 | 旋轉檢視工具 | 【R】 |
| 污點修復筆刷、修復筆刷、修補內容感知移動、紅眼工具 | 【J】 | 縮放工具 | 【Z】 |
| 筆刷、鉛筆、顏色取代、混合器筆刷工具 | 【B】 | 新增錨點工具 | 【+】 |
| 仿製印章、圖樣印章工具 | 【S】 | 刪除錨點工具 | 【-】 |
| 筆刷記錄筆刷、藝術步驟記錄筆刷工具 | 【Y】 | 預設前景色和背景色 | 【D】 |
| 橡皮擦、背景橡皮擦、魔術橡皮擦工具 | 【E】 | 切換前景色和背景色 | 【X】 |
| 漸層、油漆桶工具 | 【G】 | 切換標準模式和快速遮色片模式 | 【Q】 |
| 減淡、加深、海綿效果工具 | 【O】 | 標準螢幕模式、帶有功能表列的全螢幕模式、全螢幕模式 | 【F】 |
| 臨時使用移動工具 | 【Ctrl】 | 迴圈選擇筆刷 | 【[】或【]】 |
| 臨時使用吸色工具 | 【Alt】 | 選擇第一個筆刷 | 【Shift+[】 |
| 臨時使用手形工具 | 【空格】 | 選擇最後一個筆刷 | 【Shift+]】 |
| 打開工具選項面板 | 【Enter】 | 建立新漸層（在漸層編輯器中） | 【Ctrl+N】 |
| 快速輸入工具選項（當前工具選項面板中至少有一個可調節數字） | 【0】至【9】 | | |
| **檔操作** | | | |
| 新增圖形檔 | 【Ctrl+N】 | 用預設設定建立新檔 | 【Ctrl+Alt+N】 |
| 打開已有影像 | 【Ctrl+O】 | 打開為 | 【Ctrl+Alt+O】 |
| 關閉目前影像 | 【Ctrl+W】 | 保存目前影像 | 【Ctrl+S】 |
| 另存為 | 【Ctrl+Shift+S】 | 儲存為 Web 所用格式 | 【Ctrl+Alt+Shift+S】 |
| 頁面設定 | 【Ctrl+Shift+P】 | 列印 | 【Ctrl+P】 |
| 打開"預置"對話方塊 | 【Ctrl+K】 | | |

# Chapter 02

## Photoshop 照片魔法棒

你一定有一些想要銷毀的照片，可那些卻是你的珍貴記憶，記錄了你當時最美好的情感，只是卻有很多缺陷，其實這時只要運用我們強大的 Photoshop 就可以修補照片中的缺陷，避免這些照片被銷毀的厄運。下面小編將為你講解如何恢復老照片的生機、如何對照片進行美容等，使你的照片透過 Photoshop 照片魔法棒恢復生機。

# 技術精髓：你不可不知的Photoshop照片修復工具

　　Photoshop 最重要的功能之一就是修復圖像，那麼如何用它能修飾出漂亮的圖像？下面，我們就來好好學習一下修復工具，它可是美化圖像的秘密武器。

## 修復筆刷工具

　　Photoshop 中的修復筆刷工具用途非常廣泛，在一些圖像的修復上能夠發揮很大的作用。修復筆刷工具可用於校正瑕疵，使其融合在周圍的圖像中。使用修復筆刷工具可將樣本像素紋理、光照、透明度和陰影與所修復的像素進行比對，使修復後的像素不留痕跡地融入圖像。

具有瑕疵的畫面　　　　　　　修復畫面上的瑕疵　　　　　　照片乾淨明亮

## 修補工具

　　使用 Photoshop 中的修補工具可以用其他區域或圖案中的像素來修復選中的區域。像修復筆刷工具一樣，修補工具會將樣本像素的紋理、光照和陰影與來源像素進行比對。還可以使用修補工具來仿製圖像的隔離區域。下面我們就來欣賞一下修補工具的魅力。

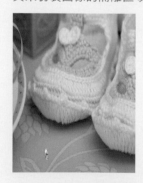  

使用修補工具修復照片上的瑕疵

## 紅眼工具

　　Photoshop 中的紅眼工具可移去用閃光燈拍攝的人物照片中的紅眼，也可以移去用閃光燈拍攝的動物照片中的白、綠色反光。使用時只需在紅眼部分按一下即可，如果對效果不滿意，可還原修正，在屬性欄中調整選項設定，然後再次按一下進行處理，這麼做很方便吧！

## 污點修復筆刷工具

污點修復筆刷工具 是 Photoshop 中處理照片時常用的工具之一。污點修復筆刷工具 是一款相當不錯的修復及去除雜點工具，利用它可以快速移去照片中的污點和其他不理想部分。使用的時候只需要適當調節筆觸的大小並在屬性欄中設定相關屬性，然後在污點上面按一下就可以修復污點。如果污點較大，可以從邊緣開始逐步修復。

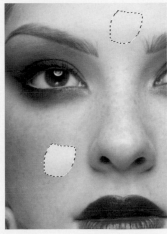

修復人物臉上的雀斑

## 印章工具

Photoshop 中的印章工具有仿製印章工具 和圖樣印章工具 。仿製印章工具 的用法基本上與修復筆刷工具一樣，效果也相似，但是修復筆刷工具在修復的最後階段，顏色上會與周圍顏色進行一次運算，以便與周圍圖像融合。

原圖　　　　　　　　　　　"正常" 仿製　　　　　　　　　　　"變亮" 仿製

圖樣印章工具 有些類似於圖樣填充效果，使用工具之前需要定義好想要的圖樣，設定屬性欄的相關參數，如筆觸大小、不透明度、流量等，然後在版面上塗抹，就可以表現出所需的圖案效果。繪出的圖案會重複排列。

原圖　　　　　　　　未勾選 "印象派" 核取方塊　　　　　　勾選 "印象派" 核取方塊

仿製印章工具📋可以使特定區域的圖像仿製到同一圖像的另一區域，使仿製來源區域和仿製區域的圖像像素完全一致。該工具可將一個圖層的一部分仿製到另一個圖層。仿製印章工具📋常用於複製對象或移去圖像中的缺陷。

需要使用的兩個圖層

使用仿製印章工具📋取樣足球，以將其仿製到野餐圖像中

## 指尖工具

　　指尖工具👆用於塗抹變形圖像中的顏色，是透過選取起始點顏色並向拖曳方向展開顏色的方法對圖像細節進行塗抹變形的工具。

## 減淡工具

　　在工具箱中減淡工具🔍上點擊滑鼠右鍵，即可彈出相應的工具組選項。減淡工具🔍常用於減淡圖像中指定區域的顏色像素以使其變亮。使用該工具在指定色調範圍內塗抹，塗抹的次數越多，該區域的色調就會變得越亮。

## 加深工具

　　加深工具👋常用於加深圖像中指定色調區域的顏色像素，以使其變暗。使用此工具在指定色調範圍內，如陰影區域或高光區域塗抹，在允許的色調加深程度上，塗抹的次數越多，該區域的色調越暗。

原圖

分別使用加深、減淡工具修飾圖像製作出畫面的反差

# 01  明亮只在一瞬間

Ⓒ 光碟路徑：Chapter2\Complete\明亮只在一瞬間.psd

設計構思　當我們拿起相機或手機記錄自己的美好瞬間時，拍攝出來的照片常常會比肉眼看到的更暗，其主要原因是在相機或手機。不過不要擔心，我們完全可以利用 Photoshop 軟體使照片瞬間變明亮，下面就一起來看看吧！

## 設計要點
要將照片處理得更加明亮時，主要使用"曲線"、"色階"、"亮度/對比"等一系列的調整圖層，來調整畫面色調的亮度。

## 設計分享
在瞬間使照片變亮的操作中，我們需要選擇解析度較高的照片，因為一般的照片用"亮度/對比"命令，可能會遺失細節哦！所以我們選擇解析度較高的照片可以有效地避免此類問題。

### 必殺技　"亮度/對比"命令
使用"亮度/對比"命令可以對圖像的色調範圍進行簡單的調整。與按比例調整的"曲線"和"色階"命令不同，"亮度/對比"命令會對每個像素進行相同程度地調整。使用"亮度/對比度"命令調整畫面的亮度是非常常用的軟體使用技巧哦！

**01** 打開一張自己的美照

打開一張自己的美照，可以選擇
畫面曝光過度！光線過暗，或者
色偏過於明顯的照片，得到"背
景"圖層。

**02** 建立"選取顏色 1"
圖層，調整畫面的色
調

點選"建立新填色或調整圖層"
按鈕，在彈出的選單中選擇
"選取顏色"選項，設定參數，
調整畫面上人物偏黃的色調。

**03** 繼續設定"選取顏色 1"圖層的參數，調整畫面的色調

繼續在彈出的"選取顏色"選項
面板中設定各顏色的參數，調整
畫面的色調。

**04** 建立"色階 1"圖層，調整畫面的色調

按一下"建立新填色或調整圖
層"按鈕，在彈出的功能表中
選擇"色階"選項，設定參數，
調整畫面的色調，使整體畫面更
加明亮。

## 05 建立"自然飽和度 1"圖層,調整畫面的色調

按一下"建立新填色或調整圖層"按鈕 ◎.,在彈出的功能表中選擇"自然飽和度"選項,設定參數,調整畫面色調。

## 06 建立"曲線 1"圖層,調整畫面的色調

按一下"建立新填色或調整圖層"按鈕 ◎.,在彈出的功能表中選擇"曲線"選項,設定參數,調整畫面的色調,使整體畫面更加明亮。

## 07 建立"亮度/對比 1"圖層,調整畫面的色調

按一下"建立新填色或調整圖層"按鈕 ◎.,在彈出的功能表中選擇"亮度/對比"選項,設定參數,調整畫面的色調,使整體畫面更加鮮明。

## 08 建立"色版混合器 1"圖層,調整畫面的色調

按一下"建立新填色或調整圖層"按鈕 ◎.,在彈出的功能表中選擇"色版混合器"選項,設定參數,調整畫面的色調。

### 09 選取人物高光部分

按快速鍵 Shift+Ctrl+Alt+E 合併並複製可見圖層，得到"圖層 1"，按快捷鍵 Shift+Ctrl+2，選取畫面中人物的高光部分，按一下"增加圖層遮色片"按鈕，將其餘部分隱藏。

### 10 調整人物的膚色亮度

按一下"建立新填色或調整圖層"按鈕，在彈出的選單中選擇"亮度/對比"選項，設定參數，按一下內容面板中的"此項調整會剪裁至圖層 (按一下則會影響所有下方圖層"按鈕，建立其圖層剪裁遮色片，調整人物的膚色亮度。

### 11 製作光照效果

按快速鍵 Shift+Ctrl+Alt+E 合併並複製可見圖層，得到"圖層 2"，按一下滑鼠右鍵，選擇"轉換為智慧型物件"命令，將其轉換為智慧對象圖層。執行"濾鏡 > 演算上色 > 反光效果"命令，並在彈出的對話方塊中設定參數，完成後按一下"確定"按鈕，製作畫面上的反光效果。

### 12 製作真實的光感

選擇"圖層 2"，設定混合模式為"柔光"，"不透明度"為 13%，製作畫面上真實的光感。看看你的照片是不是更加明亮了呀？看上去真是美極了！

# 02 讓曝光效果更協調

## 設計構思

我們在使用一般的手機或傻瓜相機拍攝照片時，由於無法控制相機的曝光組合，因此在遇到場景反差過大等情況時，僅僅依靠相機自動拍攝模式拍出的照片通常都會出現曝光過度或曝光不足的問題，即曝光不正確。本例中小編就來教大家如何解決曝光不足的問題，讓你的照片立刻明亮鮮活起來。

## 設計要點

在製作曝光正確的照片效果時，主要使用"曲線"、"色階"、"色相 / 飽和度"，以及"亮度 / 對比"調整圖層，來實現照片亮度及色彩的變化，使其變得更加鮮活。最後再結合"反光效果"濾鏡，使照片變得更加具有光感。

### "反光效果" 濾鏡

如果我們想在自己的照片中新增相對真實的光照和光暈效果，可以使用"反光效果"濾鏡。只需要執行"濾鏡 > 演算上色 > 反光效果"命令，並在彈出的對話方塊中設定參數，完成後按一下"確定"按鈕，即可新增需要的光暈效果。

## 設計分享

在透過多種圖層混合模式來調整畫面上各個區域的顏色，讓照片的曝光變得更協調，要注意調出的顏色不要太過鮮豔，否則會在一定程度上影響照片的主題。

### 01 選取小孩背光部分的皮膚

打開一張曝光不足的照片後，雙擊"背景"圖層，在彈出的對話框中直接按一下"確定"按鈕，得到"圖層 0"。使用快速選擇工具選取小孩背光部分的皮膚，按下快速鍵 Ctrl+J 複製得到"圖層 1"。按一下"增加圖層遮色片"按鈕，按一下筆刷工具，選擇柔邊筆刷並適當調整大小及透明度，在遮色片上塗抹不需要的部分。

### 02 建立"曲線 1"圖層，調整人物皮膚的色調

點選"建立新填色或調整圖層"按鈕，在彈出的功能表中選擇"曲線"選項。在內容面板中設定參數並按一下"此調整會剪裁至圖層（按一下則會影響所有下方）圖層"按鈕，建立其圖層剪裁遮色片，調整背光部分皮膚的色調。

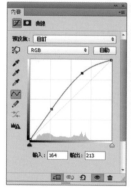

### 03 建立"色階 1"圖層，調整畫面的整體色調

按一下"建立新填色或調整圖層"按鈕，在彈出的選單中選擇"色階"選項。在內容面板中設定參數，調整畫面的整體色調，增強畫面的亮度。

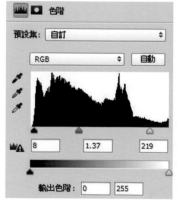

## 04 調整畫面中綠色植物的顏色

返回"圖層0",執行"選取 > 顏色範圍"命令,並在彈出的對話方塊中選取畫面中的綠色,完成後按一下"確定"按鈕。得到畫面中的綠色選取範圍,按下快捷鍵 Ctrl+J,複製得到"圖層2",並將其移至圖層最上方,設定混合模式為"覆蓋"。

## 05 增亮畫面上的部分區域

新增"圖層3",設定前景色為亮粉色。按一下筆刷工具 ,選擇柔邊筆刷並適當調整大小及透明度,在畫面上需要的位置適當繪製,設定混合模式為"覆蓋",增亮畫面上的部分區域,使畫面更加明亮。

## 06 繼續調整畫面的色調

新增"圖層4",設定前景色為黃色,按下快速鍵 Alt+Delete,讓圖層填滿黃色,設定混合模式為"柔光","不透明度"為31%。新增"圖層5",設定前景色為棕色,按一下筆刷工具 ,選擇柔邊筆刷並適當調整大小及透明度,在圖層上的深色區域適當塗抹,設定混合模式為"覆蓋"。

## 07 建立"色相/飽和度1"圖層,調整畫面的色調

點選"建立新填色或調整圖層"按鈕 ,在彈出的選單中選擇"色相/飽和度"選項,設定參數,調整畫面的色調。

## 08 製作照片的鏡頭光暈效果

按快速鍵 Shift+Ctrl+Alt+E 合併並複製可見圖層，得到 "圖層 6"，按一下滑鼠右鍵，選擇 "轉換為智慧型物件" 命令，將其轉換為智慧型圖層。執行 "濾鏡 > 演算上色 > 反光效果" 命令，並在彈出的對話方塊中設定參數，完成後按一下 "確定" 按鈕，即可新增需要的光暈效果。

## 09 繼續建立 "色相 / 飽和度 2" 圖層，調整畫面的色調

點選 "建立新填色或調整圖層" 按鈕 ，在彈出的選單中選擇 "色相 / 飽和度" 選項，設定參數，調整畫面的色調。

## 10 建立 "曝光度 1" 圖層，調整畫面的色調

按一下 "建立新填色或調整圖層" 按鈕 ，在彈出的選單中選擇 "曝光度" 選項，設定參數，並調整畫面的色調。這樣原本曝光不足的照片就變得富有生機和色彩啦！

# 03 恢復生機的老照片

設計構思　你有沒有在某個時候拿出以前的老照片來回味，思考著時間都去哪兒了？童年的照片是我們最純真的記憶，時間悄悄地為它畫上了抹不去的痕跡。 我們在感歎時光流逝的同時也在感歎照片不再光鮮，不如就讓我們利用 Photoshop 來尋找腦海中被擦去的記憶吧！

## 設計要點

在恢復老照片的生機時，主要利用多種濾鏡將照片修復完整，並透過各種圖層混合模式調整畫面顏色，增強其對比度，還要使用各種工具來調整老照片的色調。

## 設計分享

在恢復老照片的生機時，需要注意每一個圖層之間的細微變化，因為是處理人物照片，所以需要更加的細心。

## "顏色快調" 濾鏡

必殺技

在修復老照片時，有一款濾鏡非常適合，這就是"顏色快調"濾鏡。顏色快調是指，在發生強烈顏色轉變的地方依照指定的半徑保留邊緣細節，並且不顯示圖像的其餘部分。原始照片很模糊，有些看不清，而使用"顏色快調"濾鏡後，層次就出來了。

## 01 打開一張老照片，並對照片進行簡單的修復

打開一張老照片，建立"背景"圖層。按下快捷鍵 Ctrl+J 複製得到"圖層 1"，使用修復筆刷工具 ，對畫面上明顯的殘缺部分進行修復。

## 02 對照片上偏黃的顏色進行適當的修復

按一下"建立新填色或調整圖層"按鈕 ，在彈出的功能表中選擇"選取顏色"選項，設定參數，對照片上偏黃的顏色進行適當地修復。

## 03 調整照片的整體亮度

按快速鍵 Shift+Ctrl+Alt+E 合併並複製可見圖層，得到"圖層 2"，設定混合模式為"柔光"，"不透明度"為 45%。調整照片的整體亮度。

## 04 調整照片整體顏色

按一下"建立新填色或調整圖層"按鈕 ◎.，在彈出的功能表中選擇"曲線"選項，設定參數。按快速鍵 Shift+Ctrl+Alt+E 合併並複製可見圖層，得到"圖層3"，設定混合模式為"覆蓋"，"不透明度"為30%。調整照片的整體自然顏色。

## 05 繼續調整照片亮度

按快速鍵 Shift+Ctrl+Alt+E 合併並複製可見圖層，得到"圖層4"，設定混合模式為"色彩增值"，"不透明度"為30%。按一下"建立新的填充或調整圖層"按鈕 ◎.，在彈出的功能表中選擇"色階"選項，設定參數。

## 06 調整畫面上亮部區域的亮度

按快速鍵 Shift+Ctrl+Alt+E 合併並複製可見圖層，得到"圖層5"。執行"調整 > 去除飽和度"命令，繼續點選滑鼠右鍵，選擇"轉換為智慧型物件"命令，將其轉換為智慧型物件圖層。執行"濾鏡 > 其它 > 顏色快調"命令，並在彈出的對話框中設定參數，完成後按一下"確定"按鈕。設定混合模式為"覆蓋"，"不透明度"為18%。

### 07 將照片上的一些細節修復完整

按快速鍵 Shift+Ctrl+Alt+E 合併並複製可見圖層，得到"圖層6"。分別使用修復筆刷工具 🖌、污點修復筆刷工具 🖌和仿製印章工具 🖳，去除畫面上的多餘部分和雜色，將照片上的一些細節修復完整，使照片看起來更加完整。

### 08 調整畫面整體色調

按一下"建立新填色或調整圖層"按鈕 ⊙，在彈出的選單中選擇"色相/飽和度"、"曝光度"選項，設定參數，並調整畫面整體色調。

### 09 恢復老照片生機

按快速鍵 Shift+Ctrl+Alt+E 合併並複製可見圖層，得到"圖層7"，使用魔術棒工具 🪄選擇照片上方的天空部分，使用筆刷工具 🖌設定需要的前景色，在天空部分繪製出清新的藍天白雲。 執行"選取 > 顏色範圍"命令，在彈出的"顏色範圍"對話方塊中選擇滴管工具 🖋，吸取所需要的顏色範圍，適當加強其飽和度，建立"曲線2"圖層，調整整體色調，這樣我們的老照片就又恢復生機啦！看看是不是歲月的痕跡一點兒都沒有留下呀？

# 04 給照片來個 "大掃除"

設計構思　有時候一張美美的照片卻因為臉上不爭氣長出好多小痘痘和雀斑而令人遺憾。 再美的照片都不敢隨便上傳了，怎麼辦呢？下面小編將教大家如何給照片來個 "大掃除"，讓你的面孔白淨無瑕，可以隨意上傳到各種社交網站，讓小夥伴們盡情地欣賞你的美照！

## 設計要點

在對照片進行 "大掃除" 時，主要使用各種修補工具來實現這一化腐朽為神奇的轉變。 在這些修補工具中，小編主要使用修補工具和仿製印章工具來修復人物臉上的瑕疵。

## 設計分享

在運用各種修補工具對照片進行 "大掃除" 的過程中，不要急於對畫面上的痘痘和斑點一次性進行刪除，使用各種修補工具在人物臉部進行編修時，最重要的是要表現出人物皮膚的細膩。

### 小教材

**修補工具**

使用修補工具 🔲 修補圖像，是利用該工具建立選取範圍後移動選取範圍，或應用圖案像素仿製或修復圖像，並在修復圖像的同時將樣本像素中的紋理、光照和陰影等屬性與來源像素相比對，使圖像修復的效果達到最佳狀態。

### 01 打開一張有瑕疵的照片

打開一張有瑕疵的照片，得到"背景"圖層，按兩下"背景"圖層並在彈出的對話方塊中按一下"確定"按鈕得到"圖層 0"，可以看到，照片上有不少瑕疵。

### 02 使用各種修補工具修補人物臉部的瑕疵

選擇"圖層 0"，按下快速鍵 Ctrl+J 複製得到"圖層 1"，使用修補工具在人物臉部選取瑕疵的部分，將其拖曳到人物臉部皮膚的光滑部分。 然後再使用仿製印章工具，按住 Alt 鍵選擇需要的臉部區域，仿製臉部的皮膚。

### 03 繼續調整修復，將人物臉部的瑕疵清除乾淨

繼續使用修補工具和仿製印章工具修補人物的皮膚，表現出光滑的皮膚。

### 04 調亮人物膚色

選擇"圖層 1"，按下快速鍵 Ctrl+J 複製，得到"圖層 1 拷貝"，使用各種調色方式對皮膚顏色進行調整，並設定其圖層"不透明度"為 50%。 這樣就把那些小瑕疵全部去除啦！

# 05 照片美容如此簡單

© 光碟路徑：Chapter2\Complete\照片美容如此簡單.psd

**設計構思** 隨著數位相機和智慧型手機的普及，很多人都愛上了攝影，如果你覺得自己的照片還有很多小缺陷，該怎麼辦呢？下面讓小編來告訴你如何簡單地對照片進行美容，你會發現，原來讓你的照片變生動竟如此簡單！

## 設計要點

在對照片進行美容時，主要使用各種調色工具對畫面的色調進行調整，並運用筆刷工具在畫面上新增需要的顏色，設定其圖層混合模式，將照片處理為自己喜歡的色調。

## 設計分享

在對照片進行美容時，前期的顏色調整是非常關鍵的，我們在對顏色進行調整的時候，需要注意調整出來的畫面不要太亮，這樣製作出來的照片才不會失去真實的效果。

必殺技

### "色版混合器"命令

應用"色版混合器"命令調整圖像色調，可直接在原始圖像顏色狀態下調整各色版顏色，也可將圖像轉換為灰階圖像再恢復其色版，然後調整各色版顏色，透過這種方式，可以調整出圖像的藝術化雙色調。轉換圖像為灰階圖像後，取消勾選"單色"核取方塊可恢復圖像的顏色色版。

## 01 建立 "選取顏色 1" 圖層，調整畫面色調

打開一張美照，按一下 "建立新填色或調整圖層" 按鈕 ◎，在彈出的選單中選擇 "選取顏色" 選項，設定參數，初步調整照片的色調。

## 02 建立 "色彩平衡 1" 圖層，調整畫面色調

按一下 "建立新填色或調整圖層" 按鈕 ◎，在彈出的功能表中選擇 "色彩平衡" 選項，設定參數，繼續調整畫面的色調。

## 03 建立 "曝光度 1" 圖層，調整畫面色調

按一下 "建立新填色或調整圖層" 按鈕 ◎，在彈出的功能表中選擇 "曝光度" 選項，設定參數，繼續調整畫面的色調。

## 04 建立 "亮度 / 對比 1" 圖層，調整畫面色調

按一下 "建立新填色或調整圖層" 按鈕 ◎，在彈出的功能表中選擇 "亮度 / 對比" 選項，設定參數，調整畫面的色調，使照片亮度更強。

## 05 繪製人物臉部色調

新增 "圖層 1"，設定前景色為粉紅色，選擇筆刷工具 ✐，選擇柔邊筆刷並適當調整大小及透明度，在人物臉部適當塗抹，設定混合模式為 "覆蓋"，"不透明度" 為 75%。

## 06 製作人物頭髮的顏色

新增 "圖層2"，設定前景色為深紫色，選擇畫筆工具 ✐ ，選擇柔邊筆刷並適當調整大小及透明度，在畫面上人物的頭髮處適當塗抹，並設定混合模式為 "覆蓋" ，"不透明度" 為72%。

## 07 調整畫面的整體色調

新增 "圖層3"，設定前景色為深粉色，按下快速鍵 Alt+Delete，填充背景色為深粉色，設定混合模式為 "覆蓋" ，"不透明度" 為 36%。調整畫面上的整體色調，表現出清新的色調感覺。

## 08 建立"色版混合器 1"圖層，調整畫面色調

點選 "建立新填色或調整圖層" 按鈕 ⬤ ，在彈出的功能表中選擇 "色版混合器" 選項，設定參數，調整畫面的色調。

## 09 建立"色階 1"圖層，調整畫面色調

點選 "建立新填色或調整圖層" 按鈕 ⬤ ，在彈出的選單中選擇 "色階" 選項，設定參數，調整畫面的色調。這樣簡單的照片美容就完成啦！

# 06 讓照片動起來

光碟路徑：Chapter2\Complete\讓照片動起來.psd

## 設計構思

製作具有切割效果的藝術照片十分有趣，這樣的處理使得畫面從靜態變為具有動態的視覺效果。人物的生動性透過畫面的切割展現得淋漓盡致。

## 設計要點

在製作切割效果時，應注意製作的每一塊切割色塊之間的銜接，使畫面在製作後可以完整地拼合在一起，讓照片動起來！

### 必殺技

### 多邊形套索工具的使用

多邊形套索工具 ☑ 常用於建立一些邊緣規則的影像選取範圍，是依靠點與點之間的連接建立出直線的選取範圍邊緣。在圖像上按一下建立選取範圍起點，透過在圖像上不斷按一下滑鼠建立選取範圍路徑，最後終點與起點重合後擇放滑鼠，即可建立封閉的多邊形選取範圍。

## 設計分享

在製作切割效果時，需要在切割完每一個形狀後，對其進行一定的移動，並搭配遮色片工具和漸層工具進行製作，最後可以單獨對幾個形狀進行適當的顏色調整，使畫面中的色塊可以更加明顯地進行區分。

## 01 製作人物的第一塊切割

打開需要處理的照片圖檔，得到"背景"圖層，新增"圖層 1"，選擇漸層工具 ，設定需要的漸層顏色，並在影像上新增需要的漸層。使用多邊形套索工具 在"背景"圖層上適當地圈選需要的選取範圍，按下快速鍵 Ctrl+J，複製得到"圖層 2"，將其移至圖層上方。

## 02 製作柔和真實的圖塊切割效果

按下快速鍵 Ctrl+D 取消選取範圍，按一下"增加圖層遮色片"按鈕 ，選擇筆刷工具 ，選擇柔邊筆刷並適當調整大小及透明度，在遮色片上塗抹不需要的部分。

## 03 繼續製作切割的圖塊

回到"背景"圖層，繼續使用多邊形套索工具 ，勾選上面的選取範圍，複製並將其移至圖層上方，得到"圖層 3"，將其適當移動一定距離。按下快速鍵 Ctrl+D 取消選取範圍，新增遮色片，適當塗抹不需要的部分。

## 04 調整切割的圖塊的色調

按一下"建立新填色或調整圖層"按鈕 ，在彈出的功能表中選擇"亮度 / 對比"、"相片濾鏡"選項，設定參數，按一下內容面板中的"此調整會剪裁至圖層(按一下則會影響所有下方)圖層"按鈕 ，建立其圖層剪裁遮色片，調整畫面的色調。

## 05 繼續製作切割的圖塊

回到"背景"圖層，繼續使用多邊形套索工具，勾選下面的選取範圍，複製並將其移至圖層上方，得到"圖層 4"，將其適當移動一定距離。按下快速鍵 Ctrl+D 取消選取範圍，新增遮色片，適當塗抹不需要的部分。

### 06 繼續製作切割的圖塊

回到"背景"圖層，繼續使用多邊形套索工具，勾選下面的選區，複製並將其移至圖層上方，得到"圖層 5"，將其適當移動一定距離。按下快速鍵 Ctrl+D 取消選取範圍，新增遮色片，適當塗抹不需要的部分。

### 07 調整切割的圖塊的色調

按一下"建立新填色或調整圖層"按鈕，在彈出的功能表中選擇"亮度 / 對比"、"相片濾鏡"選項，設定參數，按一下內容面板中的"此調整會剪裁至圖層 ( 按一下則會影響所有下方 ) 圖層"按鈕，建立其圖層剪裁遮色片，調整色調。

### 08 繼續使用相同的方法製作畫面上的切割

回到"背景"圖層，繼續使用多邊形套索工具，勾選下面的選取範圍，複製並將其移至圖層上方，得到"圖層 6"到"圖層 8"，將其適當移動一定距離。按下快速鍵 Ctrl+D 取消選區，新增遮色片，然後適當塗抹不需要的部分。

### 09 繼續使用相同的方法製作畫面上的切割並調整圖層的亮度對比度

回到背景圖層，繼續使用相同的方法，得到"圖層 9"，再將其適當地移動一定的距離。按下快速鍵 Ctrl+D 取消選取範圍，新增遮色片結合使用漸層工具適當地塗抹去不需要的部分。建立"亮度 / 對比度 3"，並按一下圖框中"此調整影響到下面的所有圖層"按鈕，以調整圖層亮度對比度。

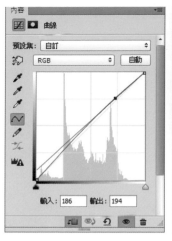

⑩ 調整切割的圖塊色調

點選"建立新填色或調整圖層"按鈕 ◎. ，在彈出的功能表中選擇"曲線"選項，設定參數，按一下內容面板中的"此調整會剪裁至圖層(按一下則會影響所有下方)圖層"按鈕 ⫶口，建立其圖層剪裁遮色片，調整圖層色塊的色調。

⑪ 繼續調整切割的圖塊的色調

點選"建立新填色或調整圖層"按鈕 ◎. ，在彈出的功能表中選擇"相片濾鏡"選項，設定參數，按一下內容面板中的"此調整會剪裁至圖層(按一下則會影響所有下方)圖層"按鈕 ⫶口，建立其圖層剪裁遮色片，調整圖層色塊的色調。

⑫ 合併並複製可見圖層並將其銳利化，使畫面效果更加突出

按快速鍵 Shift+Ctrl+Alt+E 合併並複製可見圖層，得到"圖層10"，按一下滑鼠右鍵，選擇"轉換為智慧型物件"命令，將其轉換為智慧對象圖層。執行"濾鏡 > 銳利化 > 遮色片銳利化調整"命令，並在彈出的對話方塊中設定參數，完成後按一下"確定"按鈕。原本靜止的照片就瞬間有了動態效果。

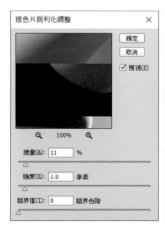

# 07 致我們終將逝去的青春

光碟路徑：Chapter2\Complete\致我們終將逝去的青春.psd

設計構思　採用浮水印的方式來展現一種懷舊感，引發觀者聯想，含蓄而獨到地點明主題。

## 設計要點

在製作浮水印照片時，主要使用"色彩平衡"、"色階"、"亮度／對比"等一系列的調整圖層來表現出畫面色調的和諧。

## 設計分享

在製作浮水印照片時，需要注意的是，兩個圖像之間的色調是否相互和諧一致，只有和諧一致，才能將二者融合在一起。

### 製作浮水印照片

必殺技

如果想要讓浮水印照片看上去更加自然和諧，主要是在對兩個需要合併的照片進行色調處理時保持協調，使其相互呼應，並使用圖層面板上的"不透明度"選項對畫面進行合理的設定。

### 01 建立"色階1"圖層，調整照片色調

打開一張有很多建築的夜景照片，按一下"建立新填色或調整圖層"按鈕 ○.，在彈出的選單中選擇"色階"選項，設定參數，調整照片的整體色調。

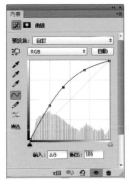

### 02 建立"曲線1"圖層，調整照片亮度

點選"建立新填色或調整圖層"按鈕 ○.，在彈出的功能表中選擇"曲線"選項，設定參數，調整照片的整體色調，便畫面變得更加明亮。

### 03 建立"色彩平衡1"圖層，調整照片色調

點選"建立新填色或調整圖層"按鈕 ○.，在彈出的功能表中選擇"色彩平衡"選項，設定參數，調整照片的整體色調，使其在更加明亮的同時具有自己獨特的色調效果。

### 04 建立"亮度／對比1"圖層，調整照片色調

點選"建立新填色或調整圖層"按鈕 ○.，在彈出的功能表中選擇"亮度／對比"選項，設定參數，調整照片的整體色調。

### 05 製作人物的浮水印效果

打開"人物.png"文件,將其拖曳到目前圖像中,建立"圖層 1"。按快速鍵 Ctrl+T,變換影像大小,並將其放置於畫面中合適的位置。設定"不透明度"為 34%。複製得到"圖層 1拷貝",設定混合模式為"覆蓋","不透明度"為 75%。

### 06 建立"純色 1"圖層,調整畫面整體色調

按一下"建立新填色或調整圖層"按鈕 ●.,在彈出的功能表中選擇"純色"選項,設定參數。設定圖層混合模式為"覆蓋","不透明度"為 75%,調整畫面的整體色調。

### 07 建立"純色 2"圖層,調整畫面整體色調

按一下"建立新填色或調整圖層"按鈕 ●.,在彈出的功能表中選擇"純色填充"選項,設定參數。設定圖層混合模式為"柔光","不透明度"為 17%,調整畫面的整體色調。

### 08 建立"色彩平衡 2"圖層,調整畫面整體色調

按一下"建立新填色或調整圖層"按鈕 ●.,在彈出的功能表中選擇"色彩平衡"選項,設定參數,調整照片的整體色調。

### 09 完成和諧的畫面效果

按住 Shift 鍵選擇"純色 1"到"色彩平衡 2"圖層,按快速鍵 Ctrl+G 新增"群組 1"。在圖層面板中設定其混合模式為"減去"。這樣具有後現代感的效果就製作完成了!

# 知識拓展：拍照時為後期處理留餘地

　　拍照時我們一般沒有足夠時間細心構圖，難免需要事後剪裁，應預留裁剪，即二次構圖的空間，因此拍攝時相機要設定為最大解析度、最高精細度，記憶卡夠大的話就用 RAW 格式，還可以使用包圍曝光等，這樣在照片裁剪後，也可以完整地擷取畫面上的主要物體。

可以將畫面上多餘的人和物裁剪掉，只保留主體物

　　包圍曝光是指拍攝三張等差曝光量的照片，如不足一級、正常、過度一級，適用於複雜光源或相機不易正確測光的場合。這樣可以使照片在不足的光影下呈現出來的亮度和對比度包括清晰度可以在畫面上有一個完整體現。方便照片的後期處理！

-1EV　　　　　　　　　　　0EV　　　　　　　　　　　1EV

　　對焦模糊是後期處理較難的照片缺陷，因此拍照時應盡量保證對焦準確。以大家喜愛的舞臺表演為例，暗光下拍清楚主體是有訣竅的。假如攝影者離舞臺的距離為 5~7 米，演員又並不是快速橫向在鏡頭前移動，用 1/60 秒或 1/125 秒的快門速度就足夠了。但距離愈近，影像愈大，移動的比例相對增加，就應增加快門速度。還有一種是所用快門速度較慢，這樣，在快門開啟過程中被攝者仍在移動，於是影像的整體或動的部分就會顯得模糊，但背景仍固定不動，以靜視動，突出主體。

Chapter 03

照片色彩"大作戰"

照片的色彩就像照片的性格一樣，可以傳遞給人很多的情感，影像色彩的調整在 Photoshop 中至關重要，下面小編將帶著大家一起來進行照片色彩"大作戰"，讓通往 Photoshop 的旅程更加色彩斑斕。

# 秘密武器：你不可不知的Photoshop 調色命令

影像色彩的調整在 Photoshop 中至關重要，這裡我們將介紹一系列樣式調整命令，讓使用者能快速使用，使通往 Photoshop 的旅程更加色彩斑斕。

### "曲線"命令調整照片的整體顏色

我們在調整照片的時候常常使用"曲線"命令來校正影像的色調範圍和色彩平衡。執行"影像 > 調整 > 曲線"命令，會彈出"曲線"對話方塊，在其中可對各項參數進行設定，對調整設定不滿意時可以按下 Alt 鍵，此時"取消"按鈕會變為"重設"按鈕，按一下"重設"按鈕即可還原到初始狀態。

*使用"曲線"命令使照片更加清晰明亮*

### "亮度/對比"命令調整照片的整體亮度和對比度，使其顏色更加明快

執行"影像 > 調整 > 亮度 / 對比"命令，會彈出"亮度 / 對比"對話方塊，可對影像的色調範圍進行簡單的調整。透過輸入亮度和對比值或拖曳下方的顏色滑桿，使顏色更加明快。

*使用"亮度/對比"命令使照片更加明亮清新*

### "色彩平衡"命令調整照片色彩之間的平衡

"色彩平衡"命令可用於校正影像的偏色現象，透過更改影像的整體顏色來調整影像的色調。使用該調整命令時，可分別調整影像中的各個顏色區域，以達到豐富的色調效果。執行"影像 > 調整 > 色彩平衡"命令，彈出"色彩平衡"對話方塊，可在其中進行參數設定。

*使用"色彩平衡"命令使照片色彩平衡*

## "黑白"命令將照片自動處理為大器的灰階影像

　　"黑白"命令可以將影像轉換為灰階影像,但是影像中的顏色模式保持不變。使用"黑白"命令將彩色影像轉換為灰階影像與利用"影像 > 調整 > 灰階"命令將影像轉為灰階模式的效果是相同的。

使用 "黑白" 命令使照片黑白效果明顯

## "相片濾鏡"命令輕鬆調整照片的整體色調

　　應用"相片濾鏡"命令調整影像的色調,可根據影像的處理要求選擇不同的顏色濾鏡,透過這樣的調整方法可為風景影像潤色以增強畫面的濃郁氣氛,執行"影像 > 調整 > 相片濾鏡"命令,可彈出"相片濾鏡"對話方塊,在其中設定顏色,以調整畫面色調。

原圖　　　　　　　　　　　　勾選 "保留明度" 核取方塊　　　　　　　未勾選 "保留明度" 核取方塊

## "色相/飽和度"命令調整照片的明豔程度

　　"色相 / 飽和度"命令可調整影像的整體顏色範圍或特定顏色範圍的色相、飽和度和亮度。執行"影像 > 調整 > 色相 / 飽和度"命令,彈出"色相 / 飽和度"對話方塊,在其中可更改相應顏色的色相、飽和度和亮度參數,從而對影像的色彩傾向、顏色飽和度和敏感度進行調整,以達到具有針對性的色調調整效果。

## "選取顏色"命令調整照片上需要的主要原色

　　"選取顏色"命令用於有針對性地更改影像中相應原色成分的印刷色數量而不影響其他主要原色。"選取顏色"命令主要用於調整影像中沒有主色的色彩成分,透過調整這些色彩成分也可以達到調亮影像的作用。

**"色版混合器"命令調整不同色版，使其影像更加真實且不偏色**

在 Photoshop 中應用"色版混合器"命令調整影像色調，可直接在原影像顏色狀態下調整色版顏色，也可將影像轉換為灰階影像再恢復其色版後調整色版顏色，透過先轉換為灰階影像再調整色調的方式，可調整影像的藝術化雙色調。轉換為灰階影像後，透過取消勾選"單色"核取方塊可恢復影像的色版。

原圖

"色版混合器"設定選項

調整後的照片顏色剔透

**"臨界值"命令調整畫面中的黑白色塊**

"臨界值"命令可將彩色影像轉換為高對比的黑白影像。以中間值 128 為標準，可以指定某個色階作為臨界值，比臨界值亮的像素變為白色，比臨界值暗的像素變為黑色。執行"影像 > 調整 > 臨界值"命令，可彈出"臨界值"對話方塊，拖曳滑桿調整臨界值色階，完成後按一下"確定"按鈕，即可實現臨界值效果。

原圖

"臨界值"設定選項

調整後的效果

**"色階"命令調整各顏色的色階**

執行"影像 > 調整 > 色階"命令可調整影像的陰影、中間調和亮部強度，以校正影像的顏色範圍和色彩平衡。執行該命令後彈出"色階"對話方塊，在色階長條圖中可以看到影像的基本色調資訊，在對話框中可以調整影像的黑場、灰場和白場，從而調整影像的色調層次和色相偏移效果。

原圖

向左拖曳 亮部 點狀效果

向右拖曳 陰影 點狀效果

### "陰影/亮部" 命令調整曝光過度的照片

　　"陰影／亮部"命令適用於校正在強逆光環境下拍攝產生的影像剪影效果或是太接近閃光燈而導致的焦點反白現象。執行"影像＞調整＞陰影／亮部"命令，會彈出"陰影／亮部"對話方塊，預設狀態下對話方塊中只顯示"陰影"和"亮部"選項群組的參數設定，透過勾選"顯示更多選項"核取方塊可彈出更多的設定選項群組，調整畫面效果。

原圖

透過"陰影/亮部"命令製作出人物水嫩的皮膚

### "均勻分配" 命令使照片色調均勻

　　執行"均勻分配"命令可以重新分布影像中像素的亮度值，以使更均勻地呈現所有範圍的亮度值，執行"影像＞調整＞均勻分配"命令，即可在整個灰階範圍內均勻分布影像中每個色階的灰階值。需要注意的是，在建立選取範圍的同時應用該命令將彈出"均勻分配"對話方塊，可以進行設定。

### "色調分離" 命令將影像中豐富的漸層色簡化

　　"色調分離"命令較為特殊，在一般的影像調整處理中使用頻率不是很高，使用其可將影像中豐富的漸層色簡化，從而使影像呈現出挖剪圖案版畫或卡通畫的效果，執行"影像＞調整＞色調分離"命令，彈出"色調分離"對話方塊，可拖曳滑桿調整參數。

# 01 我們都愛文藝氣息

©  光碟路徑：Chapter3\Complete\我們都愛文藝氣息.psd

設計構思　製作具有文藝氣息的照片非常具有現代文藝的風格，畫面中的照片具有復古的色調，這種效果使用 Photoshop 就可以製作出來。這種復古文藝的色調越來越受到廣大青年們的喜愛。

## 設計要點

在表現文藝氣息的過程中，對於畫面色彩的一層層重疊和畫面色調的把握要進行多次嘗試，這樣製作出的色調才更具文藝氣息。

## 設計分享

在表現文藝氣息時最好選取以景物為主的照片，這樣更能夠烘托出一種文藝氛圍，如果要製作的照片中包含有人物，最好選取人物所占比例不大的照片來進行製作。

### 必殺技

**"曲線" 命令和 "色階" 命令的關係**

"曲線"命令和"色階"命令的相同點是，都可以調整影像的整個色調範圍。不同的是"曲線"命令不僅可以在影像的整個色調範圍內調整 14 個不同點的色調和陰影，還可以對影像中的個別色版進行精確調整。很不錯吧！

### 01 打開照片，建立"曲線1"圖層

打開一張你的私房文藝清新小照片，按一下"建立新填色或調整圖層"按鈕 ⊘.，在彈出的功能表中選擇"曲線"選項，設定參數，調整畫面的明亮程度。

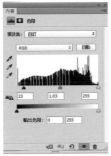

### 02 建立"色階1"圖層

按一下"建立新填色或調整圖層"按鈕 ⊘.，在彈出的功能表中選擇"色階"選項，設定參數，調整畫面的明亮程度及明暗對比程度。

### 03 建立"色相/飽和度1"圖層

按一下"建立新填色或調整圖層"按鈕 ⊘.，在彈出的選單中選擇"色相/飽和度"選項，設定參數，調整畫面的色相和飽和度使畫面中的色彩區分得更加明顯。

### 04 製作畫面的復古昏黃色調

新增"圖層1"，設定前景色為藍色，按下快速鍵 Alt+Delete，填充圖層為藍色，在圖層面板中設定混合模式為"排除"，製作畫面的復古昏黃色調。

## 05 建立 "曝光度 1" 圖層

按一下 "建立新填色或調整圖層" 按鈕 ◎,在彈出的選單中選擇 "曝光度" 選項,設定參數,調整畫面的曝光度,使畫面中的曝光更加柔和。

## 06 增強畫面色調的整體感覺

按快速鍵 Shift+Ctrl+Alt+E 合併並複製可見圖層,得到 "圖層 2",在圖層面板中設定混合模式為 "色彩增值", "不透明度" 為 22%。

## 07 增添畫面的光感

新增 "圖層 3"、"圖層 4",選擇漸層工具 ▣,設定漸層顏色為藍色到無色的線性漸層,並分別在畫面左下角和右上角拖曳出漸層色,並分別設定需要的混合模式和不透明度。

## 08 繼續增添畫面中的光感

繼續增添畫面中的光感,使畫面更加剔透。

**09 整體提高畫面色調**

按快速鍵 Shift+Ctrl+Alt+E 合併並複製可見圖層,得到"圖層6",在圖層面板中設定其混合模式為"濾色","不透明度"為50%。

濾色 不透明度:50%

鎖定: 填滿:100%

圖層 6

**10 製作畫面的橘粉色色調**

新增"圖層7"、"圖層8",將圖"圖層7"填色為橘粉色,選擇漸層工具,設定漸層顏色為橘粉色到無色的線性漸層,並分別設定混合模式和不透明度。

**11 建立"色階2"圖層**

按一下"建立新填色或調整圖層"按鈕,在彈出的功能表中選擇"色階"選項,設定參數,調整畫面的明亮程度和明暗對比程度。

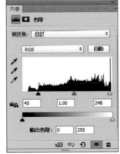 

六者

色階

預設集: 自訂

RGB 自動

45 1.00 248

輸出色階: 0 255

**12 製作畫面的文藝色調**

新增"圖11",設定前景色為灰色,按下快速鍵 Alt+Delete,填色圖層為灰色,在圖層面板中設定其混合模式為"飽和度","不透明度"為48%。適當地將畫面中的色調壓住,為照片賦予文藝的色調。

飽和度 不透明度:48%

鎖定: 填滿:100%

圖層 11

色階 2

圖層 8

圖層 7

圖層 6

# 02 小清新時光美圖

光碟路徑：Chapter3\Complete\小清新時光美圖.psd

## 設計構思

我們的生活時刻充滿著美好的意境，有時我們會在拍攝照片的某一個瞬間發現，原來自己拍的照片具有電影的感覺。甚至想要對這樣的照片進一步潤色，製作出具有小清新時光效果的美圖。

## 設計要點

在製作小清新美圖的過程中，我們需要運用各種不同的填色或調整圖層，一步一步地調整圖層的色調，使照片具有小清新的效果。

**"選取顏色"命令的使用**

"選取顏色"命令用於有針對性地更改影像中相應原色成分的印刷色數量而不影響其他主要原色。主要用於調整影像中沒有主色的色彩成分，透過調整這些色彩成分也可以達到調亮影像的效果。

## 設計分享

在製作小清新美圖的時候，在對畫面色調進行調整的過程中，需要注意其顏色調和的和諧性，並且在建立新的填色或調整圖層之後，還可以運用多種不同的圖層混合模式來進一步調整圖層的色調。

## 01 建立"亮度/對比 1"圖層，初步調整畫面色調

打開一張具有意境的美圖。按一下"建立新填色或調整圖層"按鈕 ，在彈出的功能表中選擇"亮度/對比"選項，設定參數，初步調整畫面的色調。

## 02 建立"漸層填充 1"圖層，繼續調整畫面色調

按一下"建立新填色或調整圖層"按鈕 ，在彈出的選單中選擇"漸層"選項，設定參數，設定混合模式為"柔光"，"不透明度"為 70%。繼續調整畫面的色調。

## 03 建立"色彩填色 1"圖層，繼續調整畫面色調

按一下"建立新填色或調整圖層"按鈕 ，在彈出的功能表中選擇"純色"選項，設定參數，設定混合模式為"柔光"，"不透明度"為 50%。繼續調整畫面的色調。

## 04 建立"色彩填色 2"圖層，繼續調整畫面色調

按一下"建立新填色或調整圖層"按鈕 ，在彈出的功能表中選擇"色彩填色"選項，設定參數，設定混合模式為"排除"。繼續調整畫面的色調。

## 05 建立"選取顏色 1"圖層，調整畫面色調

按一下 "建立新填色或調整圖層" 按鈕
，在彈出的功能表中選擇 "選取顏色"
選項，設定參數，調整畫面的色調。

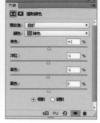

## 06 建立"色彩平衡 1"圖層，調整畫面色調

按一下 "建立新填色或調整圖層" 按鈕
，在彈出的選單中選擇 "色彩平衡"
選項，設定參數，設定其 "不透明度" 為
50%，調整畫面的色調。

## 07 建立"曲線 1"圖層，繼續調整畫面色調

按一下 "建立新填色或調整圖層" 按鈕
，在彈出的功能表中選擇 "曲線" 選
項，設定參數，調整畫面的色調。

## 08 建立"色彩平衡 2"圖層，繼續調整畫面色調

按一下 "建立新填色或調整圖層" 按鈕
，在彈出的功能表中選擇 "色彩平
衡" 選項，設定參數，設定其 "不透明
度" 為50%，調整畫面的色調。

## 09 建立"選取顏色 2"圖層，繼續調整畫面色調

按一下 "建立新填色或調整圖層" 按鈕
，在彈出的功能表中選擇 "選取顏色"
選項，設定參數，調整畫面的色調。

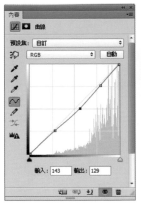

⑩ 建立"曲線 2"圖層，繼續調整畫面的小清新色調

按一下"建立新填色或調整圖層"按鈕 🔘.，在彈出的功能表中選擇"曲線"選項，設定參數，調整畫面的小清新色調。

⑪ 建立"色彩填色 3"圖層，繼續調整畫面的小清新色調

按一下"建立新填色或調整圖層"按鈕 🔘.，在彈出的功能表中選擇"純色"選項，設定參數，設定混合模式為"柔光"，"不透明度"為 20%。繼續調整畫面的小清新色調。

⑫ 建立"選取顏色 3"圖層，繼續調整畫面的小清新色調

按一下"建立新填色或調整圖層"按鈕 🔘.，在彈出的功能表中選擇"選取顏色"選項，設定參數，調整畫面的小清新色調。

⑬ 建立"色相/飽和度 2"圖層，繼續調整畫面的小清新色調

按一下"建立新填色或調整圖層"按鈕 🔘.，在彈出的功能表中選擇"色相/飽和度"選項，並設定參數，繼續調整畫面的小清新色調。

⑭ 建立"色彩填色 4"圖層，
繼續調整畫面的小清新色調

按一下"建立新填色或調整圖層"按鈕 ◎.，
在彈出的功能表中選擇"純色"選項，設定
參數，設定混合模式為"柔光"，"不透明
度"為 20%。繼續調整畫面的小清新色調。

⑮ 建立"色版混合器 1"圖層，
繼續調整畫面的小清新色調

按一下"建立新填色或調整圖層"按鈕 ◎.，
在彈出的功能表中選擇"色版混合器"選項，
設定參數，設定"不透明度"為 22%，調整
畫面的小清新色調。

⑯ 建立"選取顏色 4"圖層，
繼續調整畫面的小清新色調

按一下"建立新填色或調整圖層"按鈕 ◎.，
在彈出的功能表中選擇"選取顏色"選項，
設定參數，調整畫面的小清新色調。

⑰ 建立"色階 1"圖層，完成
整個畫面色調調整

按一下"建立新填色或調整圖層"按鈕 ◎.，
在彈出的功能表中選擇"色階"選項，設定
參數，調整畫面的小清新色調。這樣我們的
小清新時光美圖就製作完成了！

# 03 讓人回憶的美好瞬間

光碟路徑：Chapter3\Complete\讓人回憶的美好瞬間.psd

## 設計構思

每次看到自己的照片，是不是就有一種回到過去某一個瞬間的感覺？照片就是這樣神奇，它可以記錄你當下值得回憶的瞬間。 我們可以透過 Photoshop 這一強大的軟體將照片處理得更加充滿回憶！

## 設計要點

在製作讓人回憶的美好瞬間的過程中，我們主要運用顏色的填色和圖層混合模式以及圖層遮色片，表現出畫面中小清新的色調效果，並建立其他新的填色或調整圖層，從而使照片充滿回憶。

微笑ばかり
CAC Photography

## 設計分享

在建立新填色或調整圖層時，需要特別留意臉部的顏色變化，避免製作出來的照片失真。

### 必殺技

### "濾色"圖層樣式

當圖層使用了"濾色"模式時，圖層中純黑的部分變成完全透明，純白部分完全不透明，其他顏色則根據顏色級別產生半透明的效果。使用"濾色"模式可以輕鬆去除圖層中的黑色哦！

## 01 初步調整照片的色調

打開一張值得回憶的美照，新增"圖層 1"，將其填充為淡黃色，設定混合模式為"柔光"，按一下"增加圖層遮色片"按鈕，選擇筆刷工具，選擇柔邊筆刷並適當調整大小及透明度，在遮色片上塗抹人物深色部分。

## 02 建立"色階 1"圖層，調整畫面色調

按一下"建立新填色或調整圖層"按鈕，在彈出的功能表中選擇"色階"選項，設定參數，調整畫面的色階，使其明暗對比鮮明。

## 03 建立"選取顏色 1"圖層，繼續調整畫面色調

按一下"建立新填色或調整圖層"按鈕，在彈出的功能表中選擇"選取顏色"選項，設定參數，調整畫面的色調，使其具有小清新的效果。

## 04 使用"擴散亮光"濾鏡

按快速鍵 Shift+Ctrl+Alt+E 合併並複製可見圖層，得到"圖層 2"，按一下滑鼠右鍵，選擇"轉換為智慧型物件"命令，轉換為智慧型圖層。執行"濾鏡 > 濾鏡收藏館 > 扭曲 > 擴散光量"命令，並在彈出的對話方塊中設定參數，完成後按一下"確定"按鈕。

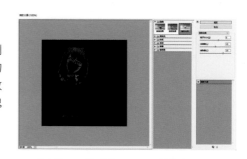

## 05 製作濾鏡效果

選擇"圖層 2"，設定混合模式為"濾色"，"不透明度"為 28%。按一下"增加圖層遮色片"按鈕，選擇筆刷工具，選擇柔邊筆刷並適當調整大小及透明度，在遮色片上塗抹不需要的部分。

**繼續調整畫面上的色調**

新增"圖層 3"，將其填色為淡黃色，設定混合"不透明度"為38%，按快速鍵 Shift+Ctrl+2，得到畫面上的亮部選取範圍，按一下"增加圖層遮色片"按鈕，將不需要的亮部部分去除。

**07 建立"色彩平衡 1"圖層，繼續調整畫面色調**

按一下"建立新填色或調整圖層"按鈕，在彈出的功能表中選擇"色彩平衡"選項，設定參數，調整畫面的色調，使其具有小清新的效果。

**08 建立"曲線 1"、"自然飽和度 1"圖層，繼續調整畫面色調**

按一下"建立新填色或調整圖層"按鈕，在彈出的選單中選擇"曲線"、"自然飽和度"選項，設定參數，調整畫面色調，使其具有小清新的效果。

**09 建立"色階 2"圖層，完成畫面色調調整**

按一下"建立新填色或調整圖層"按鈕，在彈出的功能表中選擇"色階"選項，設定參數，調整畫面的色調，使其具有小清新效果。真是讓人回憶的美好瞬間呀！

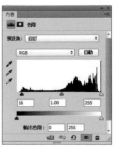

# 04 冷豔藝術照

光碟路徑：Chapter3\Complete\冷豔藝術照.psd

## 設計構思

製作具有冷豔藝術效果的照片，主要運用於各大藝術效果合成處理照片中，如廣告、平面設計等。設計製作出來的照片具有海報的效果，非常的"高水準"哦！

## 設計要點

製作冷豔藝術照的過程中會涉及素材的拼貼合成，在這一過程中需要注意所添加素材的疏密程度和明暗效果，這樣才能保證製作出來的照片更加真實。

Haier Emeda

### 必殺技

**製作真實的人物髮絲效果**

在擷取了人物影像之後，複製一個人物圖層，將其混合模式設為"濾色"，再回到複製的圖層上，新增遮色片，設定前景色為黑色，使用筆刷工具，選擇柔邊筆刷並適當調整大小及透明度，在人物頭髮邊緣適當塗抹出真實的人物髮絲效果。

## 設計分享

在製作冷豔藝術照的時候，畫面中人物的選擇十分重要，因為人物是畫面中最重要的角色。另外，對主體人物色調的調整要與整體畫面相互協調。

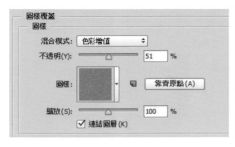

### 01 製作畫面背景

新增空白影像文件。 新增 "圖層1"，設定前景色為墨綠色，按下快速鍵 Alt+Delete，填色圖層為墨綠色，按一下 "增加圖層樣式" 按鈕 $fx$，選擇 "圖樣覆蓋" 選項並設定參數，增加圖層樣式。

### 02 製作畫面背景的聚焦效果

新增 "圖層 2"，設定前景色為黑色，按一下筆刷工具 ，選擇柔邊筆刷並適當調整大小及透明度，在影像的四周適當塗抹，製作畫面背景的聚焦效果。

### 03 擷取照片中的主題人物

打開 "人物 .jpg" 檔案。 拖放到目前一個檔案中，新增 "圖層3"，執行 "選擇 > 顏色範圍" 命令，在彈出的對話方塊中設定其色彩矇矓度，按一下 "確定" 按鈕 ，得到人物選取範圍，按一下 "增加圖層遮色片" 按鈕，將人物擷取出來。

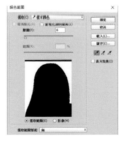

### 04 擷取人物逼真的髮絲效果

選擇 "圖層 3"，按下快速鍵 Ctrl+J 複製得到 "圖層 3 拷貝"，回到 "圖層 3"，設定其混合模式為 "濾色"，回到 "圖層 3 拷貝"，按一下滑鼠右鍵，選擇 "點陣化圖層" 命令，再按一下 "增加圖層遮色片" 按鈕 ，按一下筆刷工具 ，選擇柔邊筆刷並適當調整大小及透明度，在遮色片上人物頭髮的邊緣部分塗抹。

## 05 調整畫面上人物臉部和後面的色調

在"圖層 3"下方新增"圖層 4",設定前景色為亮黃色,按一下筆刷工具☑,選擇柔邊筆刷並適當調整大小及透明度,在人物後方適當塗抹,回到"圖層 3 拷貝",新增"圖層 5"並將其填色為亮黃灰色,設定混合模式為"色彩增值","不透明度"為 28%。

## 06 繪製人物嘴部的顏色

新增"圖層 6",設定前景色為紅灰色,使用柔邊筆刷工具☑在人物嘴唇上塗抹,並設定混合模式為"覆蓋","不透明度"為 32%,為人物繪製口紅效果。

## 07 增加人物口紅上的層次

新增"圖層 7",設定前景色為紅色,繼續使用柔邊筆刷工具☑在人物嘴唇邊緣適當塗抹,設定混合模式為"覆蓋","不透明度"為 37%。

## 08 繪製人物眉毛的顏色、腮紅的效果,以及頭髮的顏色

新增"圖層 8",設定畫面中需要的前景色,使用柔邊筆刷工具☑在人物眉毛上和臉部適當塗抹,設定混合模式為"色彩增值","不透明度"為 77%。 新增"圖層 9",設定前景色為棕黃色,使用柔邊筆刷工具☑在頭髮上塗抹,設定混合模式為"加亮顏色","不透明度"為 88%。

## 09 將人物臉部顏色處理得更加協調

新增"圖層 10",設定前景色為亮黃灰色,選擇柔邊筆刷工具☑並適當調整大小及透明度,在人物臉部適當塗抹,設定混合模式為"覆蓋","不透明度"為 83%。

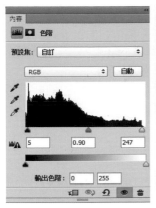

**⑩ 建立"色階 1"圖層，調整畫面整體色調**

按一下"建立新填色或調整圖層"按鈕 ◑，在彈出的選單中選擇"色階"選項，設定參數，調整畫面的整體色調。

**⑪ 增添花朵素材**

打開"花朵 1.png"、花朵 2.png"檔案。拖曳到目前的檔案中，新增"圖層 11"和"圖層 12"，使用快捷鍵 Ctrl+T 變換影像大小，再將其配放於畫面四周合適的位置。製作花朵環繞的效果。按住 Shift 鍵選擇"圖層 11"和"圖層 12"，按快捷鍵 Ctrl+G 新增"群群組 1"。

**⑫ 調整增添的花朵圖層的色調**

選擇"群組 1"，按一下"建立新填色或調整圖層"按鈕 ◑，在彈出的功能表中選擇"色彩平衡"選項，設定參數，按一下內容面板中的"這項調整會剪裁至圖層 (按一下則會影響下方所有圖層)"按鈕 ◦，調整新增的花朵圖層的色調。

**⑬ 建立"色階 2"圖層，調整畫面整體色調**

按一下"建立新填色或調整圖層"按鈕 ◑，在彈出的功能表中選擇"色階"選項，設定參數，調整畫面的整體色調。

## ⑭ 繼續增添畫面上的花朵素材

打開 "花朵3.png" 檔案。拖曳到目前檔案中，
新增 "圖層13"，使用快速鍵 Ctrl+T 變換影像
大小，並將其放置於畫面左上方合適的位置。
繼續製作花朵圍繞的效果。

## ⑮ 完成製作花朵圍繞的效果

選擇 "圖層13"，連續按三次快捷鍵 Ctrl+J，
複製得到 3 個 "圖層13拷貝"，分別使用快速
鍵 Ctrl+T 變換影像大小，並將其放置於畫面四
周合適的位置。 製作花朵圍繞的效果。 按住
Shift 鍵選擇 "圖層13" 至 "圖層13拷貝3"，
按快速鍵 Ctrl+G 新增 "群組2"。

## ⑯ 製作後增添花朵的色調

建立 "色階3" 和 "色彩平衡1" 圖層，按一下
內容面板中的 "這項調整會剪裁至圖層 ( 按一
下則會影響下方所有圖層 )" 按鈕，調整圖層
群組的色調。

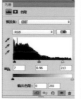

## ⑰ 製作花朵的整體投影效果

按住 Shift 鍵選擇 "群組1" 至 "色彩平衡1"
圖層，按快速鍵 Ctrl+G 新增 "群組3"。 按一
下 "增加圖層樣式" 按鈕，選擇 "陰影" 選
項並設定參數，增加圖層樣式。

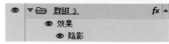

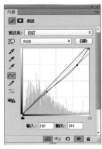  

### 18 調整色調，製作花朵的自然陰影

建立"曲線1"圖層，按一下內容面板中的"這項調整會剪裁至圖層（按一下則會影響下方所有圖層）"按鈕，調整圖層群組的色調。新增"圖層14"圖層並將其放置於"群組1"下方，使用黑色的柔邊筆刷適當繪製花朵的自然陰影，設定混合模式為"色彩增值"。

### 19 調整畫面中各個區域的色調

新增"圖層15"圖層，設定前景色為墨綠色，按一下筆刷工具，選擇柔邊筆刷並適當調整大小及透明度，在花朵四周適當塗抹，設定混合模式為"柔光"，"不透明度"為50%。新增"圖層16"，設定前景色為亮黃色，繼續使用柔邊筆刷工具在畫面上人物臉部適當塗抹，設定混合模式為"濾色"。

### 20 建立"曲線2"圖層，調整畫面整體色調

按一下"建立新填色或調整圖層"按鈕，在彈出的功能表中選擇"曲線"選項，設定參數，調整畫面的整體色調。

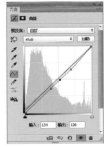  

### 21 製作畫面中的文字及效果

按一下水平文字工具，設定前景色為白色，輸入所需文字，按兩下文字圖層，在其屬性欄位中設定文字的字體樣式及大小，將其放置於畫面下方合適的位置。按一下"新增圖層樣式"按鈕，選擇"陰影"選項並設定參數，增加圖層樣式。

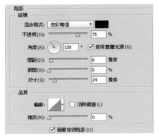 

## 22 建立"相片濾鏡1"圖層，調整畫面整體色調

按一下"建立新填色或調整圖層"按鈕 ◎.，在彈出的功能表中選擇"相片濾鏡"選項，設定參數，設定"不透明度"為86%，調整畫面的整體色調。

## 23 建立"色相/飽和度1"圖層，調整畫面整體色調

按一下"建立新填色或調整圖層"按鈕 ◎.，在彈出的選單中選擇"色相/飽和度"選項，設定參數，調整畫面的整體色調。

## 24 完成冷豔的藝術照

按快速鍵 Shift+Ctrl+Alt+E 合併並複製可見圖層，得到"圖層17"，按一下滑鼠右鍵，選擇"轉換為智慧型物件"命令，轉換為智慧型圖層。執行"濾鏡 > 銳利化 > 遮色片銳利化調整"命令，並在彈出的對話方塊中設定參數，完成後按一下"確定"按鈕。這樣冷豔的藝術照就製作完成了，是不是非常有大型海報的效果呢！

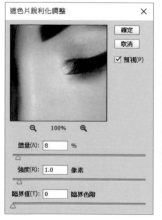

# 05 充滿溫情與浪漫的唯美照片

◎ 光碟路徑：Chapter3\Complete\充滿溫情與浪漫的唯美照片.psd

設計構思　不論你或你的朋友結婚，一張美美的結婚照是非常重要的，可以見證愛的果實，一張充滿溫情與浪漫的唯美結婚照是多麼的賞心悅目！現在不妨找出那些照片自己處理一下，一定會勾起曾經美好的回憶！

## 設計要點

在製作充滿溫情與浪漫的唯美照片時，我們會使用"選取顏色"、"色彩平衡"、"曲線"、"色版混合器"和"色相 / 飽和度"等調整色命令，一點一滴調整畫面的色調。

## 設計分享

在製作充滿溫情與浪漫的唯美照片時，最好選擇結婚照。這樣不但符合製作的主題，並且會使觀看的人更感興趣。

### 必殺技

### 調整影像的色彩

色彩是構成影像的重要元素之一，透過對影像色調進行調整，可以賦予影像不同的視覺感受和風格，使影像呈現全新的面貌。在 Photoshop 中可透過"曝光度"、"色相 / 飽和度"、"取代顏色"、"選取顏色"、"符合顏色"、"去色"、"色版混合器"、"漸層對應"、"陰影 / 亮部"、"自然飽和度"和"變化"等命令對影像色調進行調整。

## 01 建立"選取顏色 1"圖層，調整照片色調

打開一張美美的婚紗照片，按一下"建立新填色或調整圖層"按鈕 ，在彈出的功能表中選擇"選取顏色"選項，設定參數，調整照片的色調。

## 02 建立"色彩平衡 1"圖層，調整照片色調

按一下"建立新填色或調整圖層"按鈕 ，在彈出的功能表中選擇"色彩平衡"選項，設定參數，調整照片的色調。

## 03 建立"曲線 1"圖層，調整照片色調

按一下"建立新填色或調整圖層"按鈕 ，在彈出的功能表中選擇"曲線"選項，設定參數，調整照片的色調。

## 04 建立"色版混合器 1"圖層，調整照片色調

按一下"建立新填色或調整圖層"按鈕 ，在彈出的功能表中選擇"色版混合器"選項，設定參數，調整照片的色調。

## 05 建立"色彩平衡 2"圖層，調整照片色調

按一下"建立新填色或調整圖層"按鈕 ，在彈出的功能表中選擇"色彩平衡"選項，設定參數，調整照片的色調。

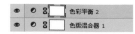

06 建立"選取顏色 2"
圖層，調整照片色調

按一下"建立新填色或調整圖
層"按鈕 ⊙.，在彈出的選單中
選擇"選取顏色"選項，設定參
數，調整照片的色調。

07 繼續調整照片色調

繼續在彈出的功能表中選擇"選
取顏色"選項並設定參數，調整
照片的色調。

| | | | | |
|---|---|---|---|---|
| 👁 | ⊙ | 🎚 | ▢ | 選取顏色 2 |
| 👁 | ⊙ | 🎚 | ▢ | 色彩平衡 2 |
| 👁 | ⊙ | 🎚 | ▢ | 色版混合器 1 |

08 建立"曲線 2"圖層，調整照片色調

按一下"建立新填色或調整圖
層"按鈕 ⊙.，在彈出的功能表中
選擇"曲線"選項，設定參數，
調整照片的色調。

| | | | | |
|---|---|---|---|---|
| 👁 | ⊙ | 🎚 | ▢ | 曲線 2 |
| 👁 | ⊙ | 🎚 | ▢ | 選取顏色 2 |

09 建立"選取顏色 3"
圖層，調整照片色調

按一下"建立新填色或調整圖
層"按鈕 ⊙.，在彈出的功能表中
選擇"選取顏色"選項，設定參
數，調整照片的色調。

⑩ 繼續調整照片色調

繼續在彈出的功能表中選擇 "選取顏色" 選項並設定參數,調整照片的色調。

⑪ 建立"色相/飽和度 1"圖層,調整照片色調

按一下 "建立新填色或調整圖層" 按鈕 ●,在彈出的選單中選擇 "色相/飽和度" 選項,設定參數,調整照片的色調。

⑫ 建立"曲線 3"圖層,調整照片色調

按一下 "建立新填色或調整圖層" 按鈕 ●,在彈出的功能表中選擇 "曲線" 選項,設定參數,調整照片的色調。

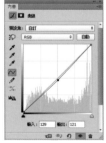

⑬ 將照片調整成為充滿溫情與浪漫的唯美照片

按一下 "建立新填色或調整圖層" 按鈕 ●,在彈出的功能表中選擇 "漸層填色" 選項,設定參數,調整照片的色調。 設定混合模式為 "柔光",新增 "圖層 1"。 選擇漸層工具 ■,設定漸層顏色為橘黃色到透明色的線性漸層,在圖層上方從上到下拖曳出漸層,設定混合模式為 "飽和度",這樣充滿溫情與浪漫的唯美照片就完成了!

# 06 鮮豔的花色

（C） 光碟路徑：Chapter3\Complete\鮮豔的花色.psd

設計構思　你愛旅遊嗎？你愛大自然嗎？是否有些風景讓你流連忘返？現在就拿出你的相機，從身邊不經意的角落或是沿途美麗的風景中，尋找屬於自己的獨特記憶吧，我們可以讓那些美麗的花兒賦予我們更多的生活情趣！

## 設計要點

在製作花兒影像的過程當中，我們會使用"選取顏色"、"色彩平衡"、"曲線"、"色彩填色"和"亮度／對比"等調整色命令，一點一滴調整畫面中的色調，表現花兒主題。

## 設計分享

在選擇製作聚焦的景物照片時，選擇的照片最好是具有主題聚焦的照片。這樣我們製作調整出來的照片會更加吸引人，而且可以使製作出來的畫面效果更加唯美。

必殺技

**使用"亮度／對比"調色命令**

使用"亮度／對比"命令可以對影像的色調範圍進行簡單的調整。與按比例調整的"曲線"和"色階"命令不同，"亮度／對比"命令會對每個像素進行相同程度的調整。高階輸出的產品一般不要使用"亮度／對比"命令進行調整，否則會遺失細節。切記哦！

## 01 調整照片的暖色調

打開拍攝的花朵照片，按一下"建立新填色或調整圖層"按鈕 ⊙.，在彈出的功能表中選擇"選取顏色"選項，設定參數，調整照片的暖色調。

## 02 建立"選取顏色 1"圖層，調整照片色調

建立新圖層"選取顏色 1"，調整照片的色調，使其具有一定的環境效果。

## 03 建立"曲線 1"圖層，調整照片色調

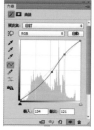

按一下"建立新填色或調整圖層"按鈕 ⊙.，在彈出的功能表中選擇"曲線"選項，設定參數，設定混合模式為"柔光"，"不透明度"為 14%，調整照片的色調。

## 04 建立"色彩填色 1"圖層，調整照片色調

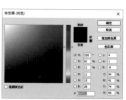

按一下"建立新填色或調整圖層"按鈕 ⊙.，在彈出的功能表中選擇"色彩填色"選項，設定參數，並設定混合模式為"差異化"，"不透明度"為 30%，調整照片的色調。

## 05 建立"亮度 / 對比 1"圖層，調整照片色調

按一下"建立新填色或調整圖層"按鈕 ⊙.，在彈出的功能表中選擇亮度 / 對比"選項，設定參數，設定混合模式為"差異化"，"不透明度"為 30%，即完成。

# 07 誘人美食

光碟路徑：Chapter3\Complete\誘人美食.psd

設計構思　你是傳說中的貪吃鬼嗎？人們都說，在任何時候吃飯之前都要先拍照的人，絕對是一個貪吃鬼哦！你有沒有在吃掉美食之前先為它拍上一張誘人的照片呢？我們還可以把這些照片修飾得更加精美，放到網路上真的很不錯喲！

## 設計要點

在表現誘人美食的過程中會使用到 "曲線"、"選取顏色"、"色彩填色" 和 "漸層填色" 等命令來調整影像的色調，製作出色彩誘人的美食照片。在製作的過程中使用鏡頭光暈濾鏡效果，可以使畫面中的美食主體更加突出。

## 設計分享

在表現誘人美食時，盡量選擇色彩較為鮮豔的美食，這樣製作出米的美食照片會更加誘人。

### 必殺技

### "漸層編輯器" 的應用

Photoshop 軟體中的漸層編輯器可以自行編輯一個漸層模式，可透過 "隨機" 來選擇各種額色搭配和比例的漸層條，透過 "平滑度" 調整額色之間的羽化度。自訂完成後即可隨時使用，十分方便吧？

### 01 打開照片文件

執行"檔案 > 開啟舊檔"命令,打開一張照片檔,新增為"背景"圖層。

### 02 建立"曲線 1"圖層,調整照片色調

按一下"建立新填色或調整圖層"按鈕 ,在彈出的選單中選擇"曲線"選項,設定參數,調整照片的色調。

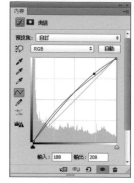

### 03 建立"選取顏色 1"圖層,調整照片色調

按一下"建立新填色或調整圖層"按鈕 ,在彈出的功能表中選擇"可選顏色"選項,設定參數,調整照片的色調。

### 04 繼續在建立的"選取顏色 1"圖層中調整照片色調

繼續在彈出的功能表中選擇"選取顏色"選項,設定參數,設定其"不透明度"為 30%,調整照片的色調。

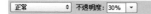

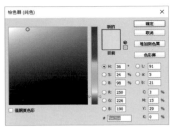 

**05** 建立"色彩填色 1"圖層，調整照片色調

按一下"建立新填色或調整圖層"按鈕 ⊘.，在彈出的功能表中選擇"色彩填色"選項，設定參數，設定混合模式為"柔光"，調整照片的色調。

**06** 建立"漸層填充 1"圖層，調整照片色調

按一下"建立新填色或調整圖層"按鈕 ⊘.，在彈出的功能表中選擇"漸層填充"選項，設定參數，設定混合模式為"柔光"，調整照片的色調。

**07** 建立"漸層填充 2"圖層，調整照片色調

按一下"建立新填色或調整圖層"按鈕 ⊘.，在彈出的功能表中選擇"漸層填色"選項，設定參數，設定混合模式為"色彩增值"，"不透明度"為 45%，調整照片的色調。

**08** 建立"選取顏色 2"圖層，調整照片色調

按一下"建立新填色或調整圖層"按鈕 ⊘.，在彈出的功能表中選擇"選取顏色"選項，設定參數，調整照片的色調。

**09** 繪製完成誘人的美食照片

按快速鍵 Shift+Ctrl+Alt+E 合併並複製可見圖層，得到"圖層 1"，執行"濾鏡 > 演算上色 > 反光效果"命令，並在彈出的對話方塊中設定參數，完成後按一下"確定"按鈕。建立"亮度 / 對比"圖層，使畫面中的誘人美食表現出豐富的色彩。

# 08 創意水彩照片

Ⓒ 光碟路徑：Chapter3\Complete\創意水彩照片.psd

**設計構思** 富有創意的水彩照片可以讓你的生活照表現出更具想像力的生動效果，為你平淡無奇的生活增添不一樣的色彩。

## 設計要點

在製作創意水彩照片的過程中我們需要注意，在畫面上繪製水彩的流動方向和流動的水彩的選取範圍之間的層次感，並且還需要注意與後面的人物之間相互結合的真實感。

## 設計分享

在製作創意水彩照片時，選擇的人物照片應盡量簡單，以便於繪製水彩的走向，這樣可以節省創意水彩照片的繪製時間。另外，在選取水彩素材時應盡量選取色彩較為豔麗的影像，以形成相對較大的反差。

**必殺技**

**使用"黑白"命令**

使用"黑白"命令轉換為彩色影像時，可以在"黑白"對話框中根據不同的需要設定各項參數值。

## 01 打開需要製作的照片素材

執行"檔案 > 開啟舊檔"命令，打開拍攝的照片檔案，得到"背景"圖層。

## 02 建立"黑白1"圖層，調整照片色調

按一下"建立新填色或調整圖層"按鈕 ⦵，在彈出的功能表中選擇"黑白"選項，設定參數，調整照片的黑白色調。

## 03 繪製流動的水槽效果

新增"圖層1"，設定前景色為白色，使用筆刷工具 ☑，選擇尖角筆刷並適當調整大小，在畫面上的電腦上適當塗抹，並在其手下方塗抹出色彩流動的樣式，在塗抹的過程中注意水彩的流動方向和其層次感。

## 04 完成創意水彩照片

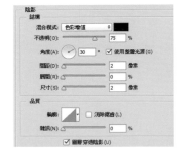

選擇"圖層1"，按一下"增加圖層樣式"按鈕 fx.，選擇"陰影"選項並設定參數。打開"水彩 .png"檔，拖放到目前影像中，新增"圖層2"，使用快捷鍵 Ctrl+T 變換影像大小，按住 Alt 鍵並按一下滑鼠左鍵，建立圖層剪裁遮色片。

# 09 打造寫實人物插畫

© 光碟路徑：Chapter3\Complete\打造寫實人物插畫.psd

## 設計構思

寫實人物插畫是當下最流行的照片類型之一，隨著插畫的崛起，越來越多的人喜愛插畫，不如我們就利用自己現有的照片給自己製作一張寫實人物插畫吧！

## 設計要點

在製作寫實人物插畫時，主要運用濾鏡將人物的整體表現為插畫效果，然後採用多種素材的拼貼製作出具有一定畫面效果的寫實人物插畫。

## 必殺技

### "色彩檢色器"對話方塊

在"色彩檢色器"對話方塊中可以精確設定顏色，在需要的顏色模式下輸入各色版的數值。在"顏色代碼"框中輸入6位所需顏色的十六進位編碼即可。

## 設計分享

在製作寫實人物插畫時，畫面上會新增很多的素材，在添加素材的過程中注意它們之間的關係和整體畫面色調的和諧統一，並且要注意整體畫面中物件的主次關係對整體畫面的影響。

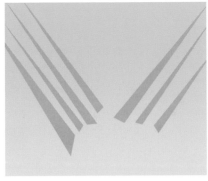

## 01 製作背景的漸層顏色和形狀圖案

新增空白影像檔。選擇漸層工具 📷，設定漸層顏色為亮藍色到亮嫩綠色的線性漸層，新增"圖層1"，從上到下拖出漸層，選擇鋼筆工具 ✍，在其屬性欄中設定其屬性為"形狀"，"填色"為粉色，在畫面上繪製需要的圖形，得到"形狀1"圖層。

## 02 增添花朵素材

打開"花朵1.png"、"花朵2.png"檔案。拖曳到目前影像中，新增"圖層2"、"圖層3"，分別對圖層使用快速鍵 Ctrl+T 變換影像大小，並將其放置於畫面合適的位置。

## 03 繼續增添花朵素材

打開"花朵3.png"、"花朵4.png"檔案。拖曳到目前影像中，生成"圖層4"、"圖層5"，分別對圖層使用快捷鍵 Ctrl+T 變換影像大小，並將其放置於畫面合適的位置。

## 04 繼續增添花朵素材

打開"花朵5.png"檔案，曳到目前影像中，新增"圖層6"，連續按下快速鍵 Ctrl+J 複製得到兩個"圖層2拷貝"，分別對圖層使用快速鍵 Ctrl+T 變換影像大小和方向，並將其放置於畫面合適的位置。

## 05 繼續增添花朵素材並新增群組

打開"花朵 6.png"檔案。拖曳到目前檔案影像中，生成"圖層 7"，使用快捷鍵 Ctrl+T 變換影像大小和方向，並將其放置於畫面合適的位置。按住 Shift 鍵選擇"圖層 2"和"圖層 7"，按快速鍵 Ctrl+G 新增"群組 1"。

## 06 建立"色階 1"圖層，調整照片色調

按一下"建立新填色或調整圖層"按鈕，在彈出的功能表中選擇"色階"選項，設定參數，按一下內容面板中的"此項調整會剪裁至圖層 ( 按一下則會影響下方所有圖層 )"按鈕，建立圖層剪裁遮色片，調整照片的色調。

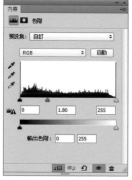

## 07 調整花朵的顏色

新增"圖層 8"，設定前景色為粉色，按一下筆刷工具，選擇柔邊筆刷並適當調整大小及透明度，在花朵上適當地繪製粉色，設定混合模式為"變亮"。

## 08 增添主體人物

打開"人物 .png"檔案。拖曳到目前檔案影像中，新增"圖層 9"，按下快速鍵 Ctrl+J 複製得到"圖層 9 拷貝"，設定其混合模式為"濾色"，點陣化圖層。再按一下"增加圖層遮色片"按鈕，按一下筆刷工具，選擇柔邊筆刷並適當調整大小及透明度，在遮色片上的人物頭髮邊緣部分加以塗抹。

**09 建立"相片濾鏡 1"圖層，調整照片色調**

按一下"建立新填色或調整圖層"按鈕 ⊙，在彈出的功能表中選擇"相片濾鏡"選項，設定參數，按一下內容面板中的"此項調整會剪裁至圖層（按一下則會影響下方所有圖層）"按鈕 ⬓，建立圖層剪裁遮色片，調整照片的色調。

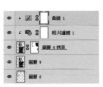

**10 建立"曲線 1"圖層，調整照片色調**

按一下"建立新填色或調整圖層"按鈕 ⊙，在彈出的功能表中選擇"曲線"選項，設定參數，按一下內容面板中的"此調整影響到下面的所有圖層"按鈕 ⬓，建立圖層剪裁遮色片，調整照片的色調。

**11 建立"色階 1"圖層，調整照片色調**

按一下"建立新填色或調整圖層"按鈕 ⊙，在彈出的功能表中選擇"色階"選項，設定參數，調整照片的色調。

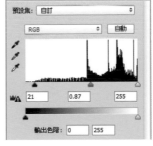

**12 製作人物插畫效果**

選擇"圖層 9"，按下快速鍵 Ctrl+J 複製，得到"圖層 9 拷貝 2"，將其移至上方，按一下滑鼠右鍵，選擇"轉換為智慧型物件"命令，轉換為智慧型圖層。執行"濾鏡 > 濾鏡收藏館 > 藝術風 > 塗抹繪畫"命令，並在彈出的對話方塊中設定參數，完成後按一下"確定"按鈕。設定混合模式為"覆蓋"，"不透明度"為 12%。

### ⑬ 增添人物前方的復古花朵

打開 "花朵 7.png"、"花朵 8.png" 檔案。拖曳到目前影像中,新增 "圖層 10"、"圖層 11",分別對圖層使用快速鍵 Ctrl+T 變換影像大小,並將其放置於畫面中的合適位置。製作人物前方的復古花朵。

### ⑭ 增添人物下方的城堡

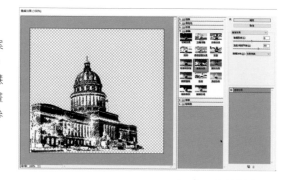

打開 "歐式城堡.png" 檔案。拖曳到目前檔案影像中,新增 "圖層 12",按一下滑鼠右鍵,選擇 "轉換為智慧型物件" 命令,轉換為智慧型圖層。執行 "濾鏡 > 濾鏡收藏館 > 素描 > 畫筆效果" 命令,並在彈出的對話方塊中設定參數,完成後按一下 "確定" 按鈕。

### ⑮ 製作城堡的紙張藝術效果

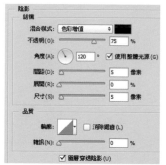

在 "圖層 12" 下方新增 "圖層 13",按住 Ctrl 鍵按一下滑鼠左鍵選擇 "圖層 12",得到其選取範圍,執行 "選擇 > 修改 > 擴張" 命令,在彈出的對話方塊中設定需要擴張的選取範圍,將選取範圍填滿白色,取消選取範圍後,按一下 "增加圖層樣式" 按鈕,選擇 "陰影" 選項並設定參數,增加圖層樣式。

### ⑯ 繼續繪製人物下方的城堡

回到 "圖層 12",打開 "歐式城堡 2.png" 檔案。拖曳到目前檔案影像中,新增 "圖層 14",使用快速鍵 Ctrl+T 變換影像大小,並將其放置於畫面中的合適位置。

## ⑰ 調整畫面色調

按快捷鍵 Shift+Ctrl+Alt+E 合併並複製可見圖層,得到"圖層 15",新增"圖層 16",將其填色為藍灰色,回到"圖層 15",按下快速鍵 Ctrl+Shift+2,得到畫面上人物的亮部選取範圍,反轉選取範圍,選擇"圖層 16",按一下"增加圖層遮色片"按鈕 ▣,設定混合模式為"柔光",製作人物身體部分的色調,新增"圖層 17",將其填色為粉灰色,使用相同的方法調整人物身體部分的色調。

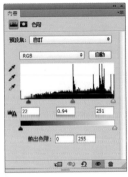

## ⑱ 建立"色階 2"圖層,調整照片色調

按一下"建立新填色或調整圖層"按鈕 ◕.,在彈出的功能表中選擇"色階"選項,設定參數,調整照片的色調,

## ⑲ 細緻地調整畫面中的色彩

新增"圖層 18"、 "圖層 19",設定需要的前景色,使用筆刷工具 ✐,選擇柔邊筆刷並適當調整大小及透明度,在畫面上適當塗抹,並設定需要的混合模式和不透明度。

## ⑳ 製作畫面上的文字效果

選擇水平文字工具 T,設定前景色為白色,輸入所需文字,按兩下文字圖層,在其屬性欄中設定文字的字體樣式及大小,將其放置於畫面的左上角。

**㉑ 繪製人物上方的形狀並設定其圖層樣式**

按一下自訂形狀工具 ，在其屬性欄中選擇需要的形狀，並設定"填色"為白色，在人物上方繪製需要的圖形，按一下"增加圖層樣式"按鈕 ，選擇"陰影"選項並設定參數。

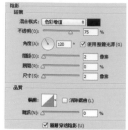

**㉒ 建立"色相/飽和度1"圖層，調整照片色調**

按一下"建立新填色或調整圖層"按鈕 ，在彈出的功能表中選擇"色相/飽和度"選項，設定參數，調整照片的色調。

**㉓ 製作插畫效果**

按快速鍵 Shift+Ctrl+Alt+E 合併並複製可見圖層，得到"圖層20"，按一下滑鼠右鍵，選擇"轉換為智慧型物件"選項，轉換為智慧型圖層。 執行"濾鏡 > 濾鏡收藏館 > 藝術風 > 挖剪圖案"命令，並在彈出的對話方塊中設定參數，完成後按一下"確定"按鈕。

**㉔ 繪製完成人物插畫**

選擇"圖層20"，設定混合模式為"柔光"，"不透明度"為40%，這樣寫實人物插畫就完成了。 看到這樣的照片插畫效果，估計你已經躍躍欲試，想要馬上嘗試一下了吧！

# 10 藏在畫布裡的人

© 光碟路徑：Chapter3\Complete\藏在畫布裡的人.psd

**設計構思**　我們在日常生活中經常會看到具有多種藝術效果的背景牆，有沒有想過如果把自己融入進去會是什麼樣的效果呢？現在就一起來學習如何將自己隱藏在畫布裡吧！

## 設計要點

在製作藏在畫布裡的人時，我們會使用"色彩增值"圖層混合模式製作畫面上的背景和重疊在人物上的圖案，將人物巧妙地隱藏在後面的背景畫布中。

## 設計分享

在製作藏在畫布裡的人時，注意重疊的花朵之間的明暗光影關係，這樣製作出來的畫面才具有真實感，另外，在製作重疊的花朵時應注意其疏密關係。

### 必殺技

### "色彩增值" 圖層混合模式

色彩增值模式從背景影像中減去原始影像的亮度值，得到最終的合成像素顏色。在色彩增值模式中套用較淡的顏色對影像的最終像素顏色不會產生影響。利用色彩增值模式摸擬陰影是很棒的！

## 01 填充背景顏色並增添花朵圖案

新增空白影像檔,將其背景填色為淡藍灰色。打開"花朵.png"檔,拖曳到目前檔案影像中,新增"圖層1"。 使用快速鍵 Ctrl+T 變換影像大小,並將其放置於畫面右側合適的位置,設定混合模式為"色彩增值"。

## 02 繼續製作花朵背景

選擇"圖層1",按下快速鍵 Ctrl+J 複製,得到"圖層1拷貝",將其混合模式更改為"正常",適當調整其不透明度。 繼續選擇"圖層1",按下快速鍵 Ctrl+J 複製,得到"圖層1拷貝2",將該圖層移至上方,將影像移至畫面下方合適的位置。

## 03 增添遮色片,塗抹遮擋的葉子

回到"圖層1",按一下"增加圖層遮色片"按鈕,按一下筆刷工具,選擇柔邊筆刷並適當調整大小及透明度,在遮色片上塗抹不需要的部分。 使用相同方法塗抹在"圖層1拷貝"中的不需要的部分。

## 04 繼續製作背景的花朵素材

打開"花朵.png"檔案。 拖曳到目前影像中,新增"圖層2",使用快捷鍵 Ctrl+T 變換影像大小,並將其放置於畫面中間合適的位置,設定混合模式為"色彩增值"。 複製得到"圖層2拷貝",將其混合模式為更改為"正常",適當調整其不透明度。

05 繼續製作畫面上不同方位
的花朵背景

選擇 "圖層 2",繼續複製得到 "圖層 2 拷貝
2",使用快速鍵 Ctrl+T 變換影像大小和方向,
並將其放置於畫面左下方合適的位置。

06 繼續製作畫面上不同方位
的花朵背景

繼續選擇 "圖層 2",複製得到 "圖層 2 拷貝
3",使用快速鍵 Ctrl+T 變換影像大小,並將
其放置於畫面左上方合適的位置。 複製得到
"圖層 2 拷貝 4",將其混合模式為更改為 "正
常",適當調整其不透明度。

07 繼續製作畫面上不同方位
的花朵背景

選擇 "圖層 2",繼續複製得到 "圖層 2 拷貝
5",使用快速鍵 Ctrl+T 變換影像大小和方向,
並將其放置於畫面右上方合適的位置。

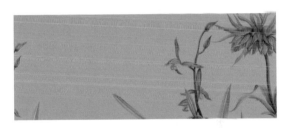

08 製作畫面中間的花朵

繼續選擇 "圖層 2",複製得到 "圖層 2 拷貝
6",使用快速鍵 Ctrl+T 變換影像大小和方向,
並將其放置於畫面左上方合適的位置。 繼續
複製得到 "圖層 2 拷貝 7",將其混合模式為
更改為 "正常",適當調整其不透明度。

09 製作畫面右下方的背景

使用相同的方式複製 "圖層 2",得到其拷貝
之後適當調整其大小、 圖層混合模式,以及
不透明度。 放置於畫面右下方合適的位置。

## ⑩ 增添人物

打開 "人物 .png" 檔案。拖放曳到目前影像中，新增 "圖層 3"，按下快速鍵 Ctrl+J 複製得到 "圖層 3 拷貝"。將 "圖層 3" 的混合模式設定為 "色彩增值"，回到 "圖層 3 拷貝"，按一下 "增加圖層遮色片" 按鈕 ，按一下筆刷工具 ，選擇柔邊筆刷並適當調整大小及透明度，在遮色片上塗抹不需要的部分。

## ⑪ 製作人物的陰影

在 "圖層 3" 下方新增 "圖層 4"，設定前景色為墨綠色，按一下筆刷工具 ，選擇柔邊筆刷並適當調整大小及透明度，在人物後方適當繪製陰影，設定混合模式為 "色彩增值"，製作真實的陰影效果。

## ⑫ 調整色調

新增 "圖層 5"，設定前景色為綠灰色，按下快速鍵 Alt+Delete，填色圖層，並設定混合模式為 "色相"，"不透明度" 為 43%。新增 "圖層 5"，設定前景色為亮藍色，按下快速鍵 Alt+Delete，填充圖層，設定混合模式為 "色彩增值"，"不透明度" 為 74%。依序新增遮色片，塗抹人物的眼睛和頭髮，表現人物和畫面之間的層次。

### ⒀ 將花朵嵌入人物

依序選擇 "圖層 1"、"圖層 2"，按下快速鍵 Ctrl+J 複製，得到副本並將其移至上方，按住 Alt 鍵按一下滑鼠左鍵，建立其圖層剪裁遮色片。適當複製調整，將花朵嵌入人物中，使人物融入畫布中。

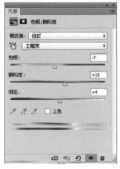 

### ⒁ 建立 "色相 / 飽和度 1" 圖層，調整畫面色調

按一下 "建立新填色或調整圖層" 按鈕 ，在彈出的功能表中選擇 "色相 / 飽和度" 選項，設定參數，調整畫面的色調。

### ⒂ 建立 "相片濾鏡 1" 圖層，調整畫面色調

按一下 "建立新填色或調整圖層" 按鈕 ，在彈出的功能表中選擇 "相片濾鏡" 選項，設定參數，調整畫面的色調。

### ⒃ 完成繪製

在 "圖層 1" 下方新增圖層，設定需要的前景色，使用畫筆工具 ，選擇柔邊筆刷並適當調整大小及透明度，適當塗抹，並設定需要的圖層混合模式。這樣就將人物完全融入畫面中了。

# 11 我人生的二分之一

光碟路徑：Chapter3\Complete\我人生的二分之一.psd

## 設計構思

畫面中採用了黑白和彩色兩種強對比方式，使畫面形成一種強烈的對比，使畫面具有一定的藝術效果和個性，給讀者們們帶來獨特的畫面體驗和感受。

## 設計要點

在製作黑白與彩色對比的影像效果時，主要使用"黑白"命令對畫面中的部分色彩進行處理，並採用覆蓋混合模式進一步處理畫面中的彩色效果，使色彩對比更為強烈。

## 必殺技

### "覆蓋" 混合模式

"覆蓋"混合模式下，像素是進行色彩增值混合還是螢幕混合，取決於底層顏色。顏色會混合，但底層顏色的亮部與陰影部分的亮度細節會保留。在增加需要的顏色時大多數情況下會使用到覆蓋這一有效的混合模式。

## 設計分享

在製作黑白與彩色對比的影像效果時，應盡量選擇色彩鮮明的照片，並且人物主要為正面，即五官都包含在畫面中，這樣製作出來的效果才會更加突出。

**01** 打開需要製作的照片素材

執行 "檔案 > 開啟舊檔" 命令，打開拍攝的照片檔案，得到 "背景" 圖層。按兩下 "背景" 圖層，得到 "圖層 0"。

**02** 建立 "色相 / 飽和度 1" 圖層，調整照片色調

按一下 "建立新填色或調整圖層" 按鈕，在彈出的選單中選擇 "色相 / 飽和度" 選項，設定參數，調整照片的色調，使色彩更加飽和。

**03** 製作人物的自然黑白色塊

回到 "圖層 0"，按下快速鍵 Ctrl+J 複製，得到 "圖層 1"，將其移至上方，並使用矩形選取畫面工具在右側合適的位置繪製選取範圍，按一下 "增加圖層遮色片" 按鈕，使用黑色的柔邊筆刷工具，適當調整大小及透明度，在遮色片上塗抹畫面的邊緣處，使其與畫面上的人物銜接自然。建立 "黑白 1" 圖層，並按一下內容面板中的 "這項調整會剪裁至圖層 ( 按一下則會影響所有下方圖層 )" 按鈕，以調整圖層黑白色調。

## 04 製作人物嘴部效果

回到"圖層 0"，使用多邊形套索工具，將人物的嘴部圈選出來，按下快速鍵 Ctrl+J 複製，得到"圖層 2"，將其移至上方，新增遮色片並使用柔邊筆刷工具在遮色片上人物嘴部邊緣適當塗抹。

## 05 調整人物嘴部色調

選擇"圖層 2"，按一下"建立新填色或調整圖層"按鈕，在彈出的功能表中選擇"黑白"選項，設定參數，並按一下內容面板中的"這項調整會剪裁至圖層（按一下則會影響所有下方圖層）"按鈕，建立其圖層剪裁遮色片，調整黑白色調。

## 06 完成繪製

新增"圖層 3"，設定需要的前景色，按一下筆刷工具，選擇柔邊筆刷並適當調整大小及透明度，在人物彩色的部分適當塗抹，設定混合模式為"覆蓋"。製作出人物黑白部分和彩色部分強烈的對比效果。畫面具有很強的藝術效果，看起來就像廣告片一樣喲！

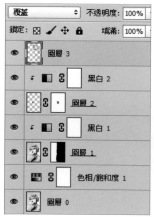

# 知識拓展：讓人眼前一亮的色彩搭配

　　生活中充滿了色彩，行走在路上、工作途中、吃飯時、娛樂時……有沒有哪些色彩讓你眼前一亮呢？生活中的色彩總是出現得那樣溫暖，那樣和諧，或者是那樣刺激，那樣清淡……就像我們的生活一樣豐富美好，多彩驚豔！

　　當不同的色彩搭配在一起時，色相、明度、飽和度的作用會使色彩的效果產生變化。兩種或者多種淺色配在一起不會產生對比效果，多種深色搭配在一起效果也不吸引人。但是，當一種淺色和一種深色混合在一起時，就會使淺色顯得更淺，深色顯得更深。明度也同樣如此。

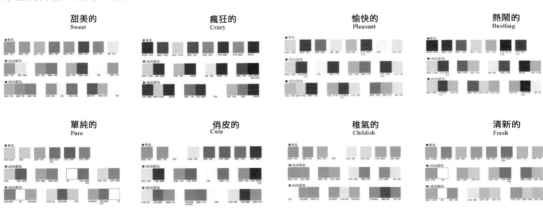

色彩搭配示範

# Chapter 04

## Photoshop 和你生活之間的奇妙關係

我們的生活中充滿著形形色色的設計，比如極具個性的手機主題介面、手機螢幕保護程式、大頭貼等，我們可以利用 Photoshop 這一強大的軟體實現和製作自己想要的影像效果。就帶你一起去瞭解 Photoshop 和你生活之間的奇妙關係吧！

# 創意構思：你不可不知的Photoshop 和我們生活之間密不可分的關係

不得不說現在的生活中手機、電腦和我們的關係就像魚和水一樣越來越密不可分了，臉書、LINE、都是我們的"精神食糧"，這些工具中也都會用到 Photoshop。

獨具創意的介面

看到下面這個有趣的介面，是不是也想製作出一款屬於自己的臉書介面呢？有了 Photoshop 這一神器，我們就可以製作屬於自己的介面了。真的是非常有意思哦！

屬於自己的趣味臉書介面（圖片來源：Open小將粉絲專頁）

一款獨具個性的大頭貼會使你在眾多密密麻麻的大頭貼中更具個性以及"可識別性"。下面就從網上搜集了一些極具觀賞性和個性的大頭貼，快來一起欣賞一下吧！

獨具個性的大頭貼

LINE 應該是現在年輕人最為青睞的軟體，它集合了公眾平台、朋友圈、私訊等功能，使用者可以透過"搖一搖"、"搜尋 ID/ 電話號碼"，或者"掃描行動條碼"等方式增加好友和關注社群平台，同時 LINE 也可以將內容分享給好友以及將使用者看到的精彩內容分享到其他的朋友圈，一款具有個人風格的 LINE 背景圖一定會使你的生活更為美妙。

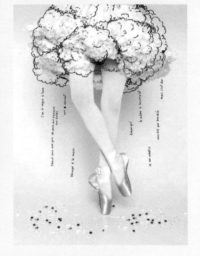

獨具風格的背景圖片

經過的簡單的介紹，相信大家對 Photoshop 和我們生活之間一些密不可分的關係已經有了一個簡單的瞭解了吧！現在就透過一些具體的案例，來說明如何製作我們生活中常見的個性圖案和畫面吧！

# 01 符合個人氣質的手機主題介面

## 設計構思

網絡上的手機主題介面越來越豐富，選得自己都花眼了，選來選去都不符合自己的心意，也沒有符合自己個性的，怎麼辦呢？不如自己來製作符合個人氣質的手機主題介面吧，這樣既時尚又個性哦！

## 設計要點

在製作符合個人氣質的手機主題介面時，我們主要使用調色命令對畫面上增加的素材進行合理的色調調整，之後將畫面上的元素合理地融合，並使用筆刷工具製作出具有現代感的線條和圖案，豐富畫面並使畫面上的元素相互融合。

### 必殺技

**如何使用筆刷工具繪製直線？**

使用筆刷工具直接繪製直線是非常不好控制的，但其實非常簡單，只需要在使用筆刷的同時按住 Shift 鍵，按一下起始點到終止點，就可以簡單地在畫面上繪製直線啦！

## 設計分享

| 名稱 | 解折度（像素） | 螢幕尺寸（英吋） |
| --- | --- | --- |
| iPhone | 640 × 1136 | 4 |
| HTC | 1280 × 720 | 4.99 |
| 三星 | 1280 × 720 | 4-5.5 |

## 01 繪製人物

新增圖層並將其填滿為黃灰色，打開"人物.png"檔案。拖曳到目前影像中，建立"圖層1"，並對其進行複製，得到"圖層1拷貝"，選擇"圖層1"，設定其混合模式為"色彩增值"。

## 02 建立"選取顏色1"圖層，調整影像色調

返回"圖層1拷貝"，按一下"建立新填色或調整圖層"按鈕，在彈出的選單中選擇"選取顏色"選項，設定參數，按一下內容面板中的"這項調整會剪裁至圖層…"按鈕，建立其圖層剪裁遮色片，調整影像的色調。

## 03 建立"色版混合器1"圖層，調整影像色調

繼續按一下"建立新填色或調整圖層"按鈕，在彈出的功能表中選擇"色版混合器"選項，設定參數，按一下內容面板中的"這項調整會剪裁至圖層(按一下則會影響所有下方圖層)"按鈕，建立其圖層剪裁遮色片，調整影像的色調。

## 04 建立"色彩平衡1"圖層，調整影像色調

繼續按一下"建立新填色或調整圖層"按鈕，在彈出的功能表中選擇"色彩平衡"選項設定參數，按一下內容面板中的"這項調整會剪裁至圖層…"按鈕，建立其圖層剪裁遮色片，調整影像的色調。

### 05 繼續調整影像色調

新增"圖層 2"，設定前景色為紅灰色，按下
快捷鍵 Alt+Delete，填充背景色為紅灰色，按
住 Alt 鍵按一下滑鼠左鍵，建立其圖層剪裁遮
色片。 設定混合模式為"柔光"，"不透明
度"為 63%。 調整人物影像的色調，使人物和
後面的背景色調相互和諧。

### 06 增加素材並建立"色相/飽和度 1"圖層，調整色調

打開"布 .png"檔案。 拖曳到目前影像中，建
立"圖層 3"，將其移至"圖層 1"下方，使用
快捷鍵 Ctrl+T 變換影像大小和方向，並將其放
置於人物頭部後方合適的位置。 創建"色相/
飽和度 1"圖層，按一下內容面板中的"這項
調整會剪裁至圖層（按一下則會影響所有下方
圖層）"按鈕，調整其色調。

### 07 繪製人物後方的圖案並增加圖層樣式

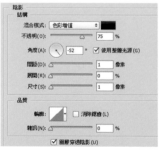

在"圖層 3"下方新增"圖層 4"，使用白色實
邊筆刷工具，適當調整大小，在人物後方適
當繪製圖案，按一下"增加圖層樣式"按鈕
，選擇"陰影"選項並設定參數，增加圖層
樣式。

### 08 繼續製作人物後方的圖案

新增"圖層 5"，使用白色實邊筆刷工具，適當
調整大小，在人物後方適當繪製圖案並設定圖
層"不透明度"為 65%。

### 09 建立"選取顏色 2"圖層，調整影像色調

返回到"圖層 2"，打開"手 .png"檔案。拖曳到目前影像中，建立"圖層 6"，按一下"建立新填色或調整圖層"按鈕，在彈出的功能表中選擇"選取顏色"選項，設定參數。

### 10 繼續調整

選擇"選取顏色 2"圖層，按一下內容面板中的"這項調整會剪裁至圖層（按一下則會影響所有下方圖層）"按鈕，建立其圖層剪裁遮色片，調整手部的色調，使用快捷鍵 Ctrl+T 變換影像大小和方向，並將其放置於人物頭部前方合適的位置。

### 11 繼續增加素材並建立"色相 / 飽和度 2"圖層，調整影像色調

打開"手 2.png"檔案。拖曳到目前影像中，建立"圖層 7"，使用快捷鍵 Ctrl+T 變換影像大小和方向，並將其放置於畫面合適的位置，建立"色相 / 飽和度 2"圖層，按一下內容面板中的"這項調整會剪裁至圖層（按一下則會影響所有下方圖層）"按鈕，建立其圖層剪裁遮色片，調整影像的色調。

### 12 建立"選取顏色 3"圖層，調整影像色調

按一下"建立新填色或調整圖層"按鈕，在彈出的功能表中選擇"選取顏色"選項，設定參數，按一下內容面板中的"這項調整會剪裁至圖層（按一下則會影響所有下方圖層）"按鈕建立其圖層剪裁遮色片，調整影像的色調。

## 13 繪製連接點

在"圖層 7"下方新增"圖層 8"，
設定需要的前景色，按一下筆刷工
具，選擇實邊筆刷並適當調整大
小，在人物臉部適當繪製線條的連
接點。

## 14 繪製具象的線條，製作具有藝術感的畫面效果

繼續在"圖層 8"上，設定需要的
前景色，按一下筆刷工具選擇實邊
筆刷並適當調整大小，按住 Shift 鍵
按一下起始點到終止點就可以簡單
的在畫面上繪製直線。製作具有藝
術感的畫面效果。

## 15 複製需要的圖層製作影像

按住 Shift 鍵選擇"圖層 3"和"色
相 / 飽和度 1"圖層，按下快捷鍵
Ctrl+J 複製，得到其圖層的拷貝，
並將其移至圖層的上方，使用快捷
鍵 Ctrl+T 變換影像大小和方向，並
將其放置於畫面合適的位置，設定
圖層不透明度為 64%。

## 16 繪製人物前方的圖案

新增"圖層 9"，設定前景色為白
色，按一下筆刷工具 ，選擇實
邊筆刷並適當調整大小，在畫面上
繪製需要的白色圖案，豐富畫面效
果。

| | | 圖層 9 |
| 👁 | ↓ ▦ ⬛ | 色相/飽和度 1 拷貝 |
| 👁 | | 圖層 3 拷貝 |
| 👁 | ↓ ◣ ⬛ | 選取顏色 3 |
| 👁 | ↓ ▦ ⬛ | 色相/飽和度 2 |

**17** 合併並複製可見圖層並將其銳利化

按快捷鍵 Shift+Ctrl+Alt+E 合併並複製可見圖層，得到"圖層 10"，按一下滑鼠右鍵，選擇"轉換為智慧型物件"選項，轉換為智慧型圖層。執行"濾鏡 > 銳利化 > 遮色片銳利化調整"命令，並在彈出的對話塊中設定參數，完成後按一下"確定"按鈕。

**18** 建立"曲線 1"、"自然飽和度 1"圖層，調整畫面色調

按一下"建立新填色或調整圖層"按鈕，在彈出的選單中選擇"曲線"、"自然飽和度"選項，設定參數，調整畫面的色調。

**19** 建立"色階 1"、"選取顏色 1"圖層，調整畫面色調

按一下"建立新填色或調整圖層"按鈕，在彈出的功能表中選擇"色階"、"選取顏色"選項，設定參數，調整畫面的色調。

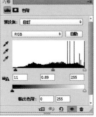

**20** 調整背景，完成繪製

使用魔術棒工具 選擇畫面後方的背景，新增"圖層 11"，設定前景色為淡綠灰色，按下快捷鍵 Alt+Delete，填滿選取範圍，然後按下快捷鍵 Ctrl+D 取消選取範圍。這樣符合個人氣質的手機主題介面就製作好了，是不是很有意思呀？快製作自己的手機主題介面吧！

# 02 再不換手機螢幕保護程式就OUT了

光碟路徑：Chapter4\Complete\再不換手機螢幕保護程式就OUT了.psd

## 設計構思

我們的手機螢幕保護程式多種多樣，如果沒有找到適合自己的一款螢幕保護程式怎麼辦？覺得擁有一款屬於自己的螢幕保護程式會使你倍感得意，不想再換螢幕保護程式！最重要的是那絕對是量身打造的！製作一款屬於自己的手機螢幕保護程式，絕對會讓你的手機畫面更加出色！

## 設計要點

在製作手機螢幕保護程式時，我們要時刻把握色調控制，另外使用文字工具和筆刷工具繪製文字和圖案時，需要根據照片的類型來進行選擇。

## 必殺技

### 設定筆刷

選擇一種繪畫工具或編輯工具，然後在選項欄中的"筆刷"彈出選單中可以設定筆刷，也可以在筆刷面扳中設定筆刷。要查看載入的預設，請按一下面扳左上角的"筆刷預設"，更改預設筆刷的選項。

## 設計分享

在製作手機螢幕保護程式時需要注意，製作主體人物背景文字效果時應注意其應具有一定的層次性，否則製作出來的文字和圖案效果會顯得非常凌亂，就會失去設計性和重點！

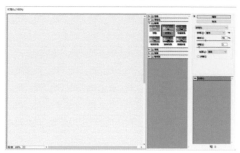

## 01 製作螢幕保護程式的背景

新增空白影像文件，雙點“背景”圖層，得到“圖層 0”，將其填滿為淡黃綠色並轉換為智慧型物件，執行“濾鏡 > 濾鏡收藏館 > 紋理 > 紋理化”命令，並在彈出的對話方塊中設定參數，完成後按一下“確定”按鈕。

## 02 增加可愛人物

打開“可愛女孩 .png”檔案。 拖曳到目前影像中，建立“圖層 1”，按快捷鍵 Ctrl+T，變換影像大小，將其放置於畫面中間，並進行複製，得到“圖層 1 拷貝”，依序選擇兩個圖層。 設定不同的混合模式，使其與後面的背景相互混合。

## 03 增加顆粒效果

繼續選擇“圖層 1”，複製得到“圖層 1 拷貝 2”將其移至上方並轉換為智慧型物件，執行“濾鏡 > 濾鏡收藏館 > 紋理 > 粒狀紋理”命令，在彈出的對話方塊中設定參數，完成後按一下“確定”按鈕。 按住 Alt 鍵按一下滑鼠左鍵，建立圖層剪裁遮色片，並設定其“不透明度”為 36%。

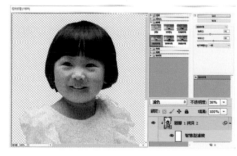

## 04 調整增加的人物的色調

新增“圖層 2”，將其填滿為亮綠色，設定混合模式為“色彩增值”，“不透明度”為 16%。按住 Alt 鍵按一下滑鼠左鍵，建立其圖層剪裁遮色片。建立“相片濾鏡 1”圖層，並按一下內容面板中的“這項調整會剪裁至圖層（按一下則會影響所有下方圖層）”按鈕，建立圖層剪裁遮色片，調整增加的可愛女孩的色調。

## 05 建立"選取顏色 1"圖層，調整畫面整體色調

按一下"建立新填色或調整圖層"按鈕，在彈出的功能表中選擇"選取顏色"選項，設定參數，並按一下內容面板中的"這項調整會剪裁至圖層（按一下則會影響所有下方圖層）"按鈕，建立其圖層剪裁遮色片，調整畫面的色調。

## 06 製作可愛女孩身後的圖案和文字

在"圖層 1"下方新增"圖層 3"，按一下筆刷工具，選擇需要的筆刷並設定其需要的顏色，適當調整大小及透明度，繪製可愛的圖案，並選擇水平文字工具，設定前景色，輸入所需文字。

## 07 繼續製作女孩身後的文字效果

繼續使用水平文字工具，設定前景色為棕色，輸入所需文字，按兩下文字圖層，在其屬性欄中設定文字的字體樣式及大小，按快捷鍵 Ctrl+T，變換影像方向，並將其放置於畫面合適的位置。

## 08 製作女孩頭上的可愛小花花

繼續新增圖層，使用筆刷工具繪製需要的可愛圖案，打開"蝴蝶結 .png"檔案。拖曳到目前影像中，建立"圖層 5"，按快捷鍵 Ctrl+T，變換影像大小，放置於小孩的頭上，按一下"增加圖層遮色片"按鈕，按一下筆刷工具，選擇柔邊筆刷並適當調整大小及透明度，在遮色片上塗抹不需要的部分。

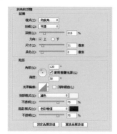

## 09 製作蝴蝶節的立體效果

選擇"圖層5",按一下"增加圖層樣式"按鈕,選擇"斜角和浮雕"、"陰影"選項並設定參數,增加圖層樣式。

## 10 製作畫面上方的主題文字

選擇水平文字工具,設定前景色為棕色,輸入所需文字,雙點文字圖層,在其屬性欄中設定文字的字體樣式及大小,得到標題文字,打開"花紋.png"文件。拖曳到目前影像中,新增"圖層6",按快捷鍵Ctrl+T,變換影像大小,放置於畫面上方合適的位置。選擇水平文字工具,設定前景色為棕色,輸入所需文字,按兩下文字圖層,在其屬性欄中設定文字的字體樣式及大小,完成副標題文字。

## 11 製作可愛小女孩背後的陰影

新增"圖層7",設定前景色為淡黃灰色,選擇筆刷工具,設定需要的筆刷,適當調整其大小和透明度,在可愛女孩的背後適當塗抹,為使製作的陰影更加真實,按一下滑鼠右鍵,選擇"轉換為智慧型物件"命令,轉換為智慧型圖層。執行"濾鏡 > 模糊 > 高斯模糊"命令,並在彈出的對話框中設定參數,完成後按一下"確定"按鈕。設定混合模式為"色彩增值","不透明度"為64%。

⑫ 建立"色相/飽和度 1"圖層，調整陰影的色調

按一下"建立新填色或調整圖層"按鈕 ◎ ，在彈出的選單中選擇"亮度/對比"選項，設定參數，按一下內容面板中的"這項調整會剪裁至圖層（按一下則會影響所有下方圖層）"按鈕 ⬛ ，建立其圖層剪裁遮色片，調整陰影的色調。

⑬ 製作女孩下方的文字

返回圖層，選擇水平文字工具，設定前景色為棕色，輸入所需文字，按兩下文字圖層，在其屬性欄中設定文字的字體樣式及大小，按快捷鍵 Ctrl+T，變換文字大小，放置於畫面左下方合適的位置。

⑭ 製作自然的文字塗畫

新增"圖層 8"，設定前景色為黑色，選擇筆刷工具 ✎ ，設定需要的筆刷，適當調整其大小和透明度，在畫面左下方的文字上適當塗抹。

⑮ 完成繪製

新增"圖層 9"，設定前景色為棕紅色，選擇筆刷工具 ✎ ，設定需要的筆刷，適當調整其大小和透明度，在女孩臉蛋上塗抹，設定混合模式為"色彩增值"。新增"圖層 9"，設定前景色為白色，繼續使用筆刷工具在女孩臉蛋上塗抹，製作其可愛的腮紅高光。看到這樣獨一無二的螢幕保護程式真是心情大悅！

# 03 打造個人專屬大頭貼

光碟路徑：Chapter4\Complete\打造個人專屬大頭貼.psd

## 設計構思

我們在社群軟體中都會運用到大頭貼，大頭貼就是我們在虛擬世界的一個形象代表，大頭貼會影響好友對我們的第一印象，一個很潮的大頭貼會使你在好友中脫穎而出哦！

## 設計要點

在製作個人專屬大頭貼時，主要使用濾鏡藝術效果中的挖剪圖案效果，繪製人物大致形象，使用筆刷工具在畫面上適當塗抹，製作出非常潮的影像，打造個人專屬大頭貼。

## 必殺技

### "挖剪圖案" 濾鏡

"挖剪圖案"濾鏡可以將普通的照片轉換為具有一定插畫效果的畫面，只需要執行"濾鏡 > 濾鏡收藏館 > 藝術風 > 挖剪圖案"命令，並在彈出的對話方塊中設定參數，完成後按一下"確定"按鈕即可。

## 設計分享

在製作個人專屬大頭貼時需要注意，在選取自己的照片時應盡量選取顏色鮮豔一些的照片，這樣製作出來的畫面效果會比較強烈，使大頭貼更加引人注目。

## 01 製作畫面背景並增加人物素材

新增空白影像檔。 得到"背景"圖層,按兩下"背景"圖層,得到"圖層0",將其填滿為淡黃色。 執行"濾鏡 > 濾鏡收藏館 > 紋理 > 紋理化"命令,並在彈出的對話方塊中設定參數,完成後按一下"確定"按鈕。 打開"人物.png"檔案。 拖曳到目前影像裡,建立"圖層1"。

## 02 製作人物挖剪圖案效果

選擇"圖層1",按一下滑鼠右鍵,選擇"轉換為智慧型物件"命令,轉換為智慧型物件圖層。 按一下"增加圖層遮色片"按鈕,按一下筆刷工具 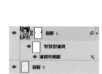,選擇實邊筆刷並適當調整大小及透明度,在遮色片上塗抹不需要的部分。 執行"濾鏡 > 濾鏡收藏館 > 藝術風 > 挖剪圖案"命令,並在彈出的對話方塊中設定參數。

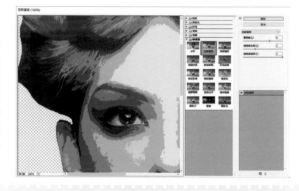

## 03 增強人物效果

設定完成後按一下"確定"按鈕。 在圖層面板中設定其混合模式為"小光源",製作畫面上人物的挖剪圖案插畫的強烈效果。

## 04 表現人物頭髮效果

新增"圖層2",設定需要的前景色,按一下筆刷工具 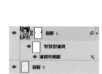,選擇實邊筆刷並適當調整大小及透明度,在人物的頭部繪製頭髮的輪廓。

## 05 繪製人物臉部輪廓

新增"圖層3"，設定前景色為棕色，按一下筆刷工具，選擇柔邊圓形壓力尺寸筆刷並適當調整大小及透明度，繪製人物臉部下方輪廓。

## 06 表現人物臉部及唇部深度

新增"圖層4"，使用魔術棒工具選擇人物臉部選取範圍，並將其填滿為淡黃色，完成後取消選取範圍，設定其不透明度為62%。新增"圖層5"，設定前景色為深棕色，在人物的唇部塗抹，表現人物唇部陰影效果。

## 07 繪製人物耳朵線條

新增"圖層5"，設定前景色為深棕色，在人物的耳朵上繪製外部輪廓，製作出人物耳朵線條。

## 08 製作人物個性眼罩

新增"圖層7"，設定前景色為黑色，按一下筆刷工具，選擇實邊筆刷並適當調整其大小，在人物的眼睛上繪製出眼罩效果，按一下"增加圖層樣式"按鈕，選擇"陰影"選項並設定參數，增加圖層樣式。

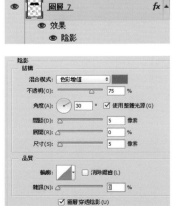 

### 09 製作人物眼罩內部的圖案

打開 "圖案 .jpg" 檔案。拖曳到目前影像中，建立 "圖層 8"，按快捷鍵 Ctrl+T，變換影像大小，將其放置於人物眼罩上，按住 Alt 鍵按一下滑鼠左鍵，建立圖層剪裁遮色片。

### 10 繪製人物手部的輪廓

新增 "圖層 9"，設定前景色為棕色，按一下筆刷工具，選擇柔邊圓形壓力尺寸筆刷，適當調整大小及透明度，繪製人物手部的線條，將人物的輪廓繪製完整。

### 11 建立 "色階 1" 圖層，調整畫面色調

按一下 "建立新填色或調整圖層" 按鈕，在彈出的功能表中選擇 "色階" 選項，設定參數，調整畫面的色調。

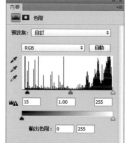

### 12 建立 "色相 / 飽和度 1" 圖層，調整畫面色調

按一下 "建立新填色或調整圖層" 按鈕，在彈出的功能表中選擇 "色相 / 飽和度" 選項，設定參數，調整畫面的色調。這樣具有個性的個人專屬大頭貼就製作完成啦！是不是很簡單？而且還很有個性喲！

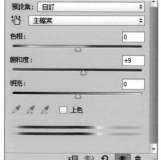

# 04 專屬簡歷製作

設計構思　現如今就業的壓力越來越大，打造和製作一份屬於自己的簡歷是非常有必要的，一份獨特的簡歷可以讓你在無數的競爭者中脫穎而出，進而成為人生的贏家。

## 設計要點

在製作專屬簡歷時，主要使用各種形狀工具來製作各個區域的色塊，並透過簡潔清楚的畫面布局排列將各個區域所要表述的資訊進行完整的傳達。

## 設計分享

在製作專屬簡歷時，需要注意每一個區域的色塊所要表達的內容和意義，使觀者們能夠明確清晰地瞭解畫面所要表達的內容。

### 漸層工具

新增圖層，使用漸層工具，在其屬性欄中設定需要的漸層色，並在圖層上合適的地方拖曳，調出需要的漸層樣式，製作出畫面上和圖層中需要的漸層圖案和樣式。

必殺技

## 01 製作簡歷的背景

執行"檔案 > 開新檔案"命令，新增空白影像檔。 新增"圖層 1"，選擇漸層工具，設定漸層色為棕色到黃灰色的放射性漸層，並從內到外拖曳出漸層色，製作出畫面的背景。

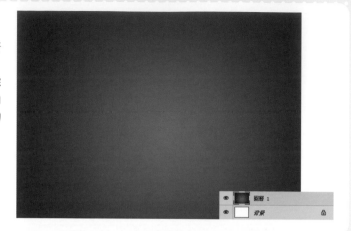

## 02 製作大幅提示條

選擇矩形工具，在屬性欄中設定"填滿"，"筆畫"為無，在介面上繪製需要的矩形和背光的部分，將其製作得具有立體感。

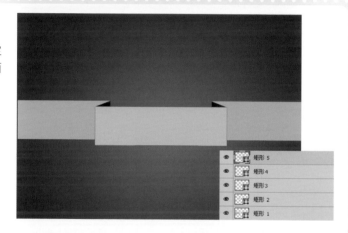

## 03 調整畫面色調

新增"圖層 2"，使用矩形選取畫面工具，在矩形下繪製陰影的形狀並將其填滿為深棕色，設定"不透明度"為 40%。 這樣繪製的橫幅條就更加立體了。

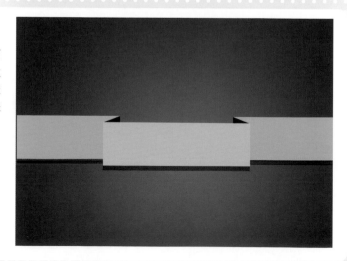

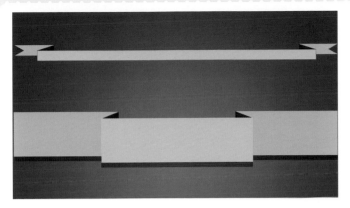

**04 繼續製作簡歷上的絲帶效果**

在屬性欄中設定"填滿"為"淡黃色","筆畫"為"無"。繼續使用矩形工具▣和鋼筆工具✎，在屬性欄中選擇其需要的形狀，在畫面上繪製需要的圖形。將畫面上方的絲帶繪製出來。

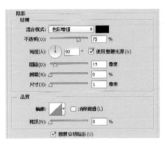

**05 製作簡歷的標題框**

在屬性欄中設定需要的"填滿"，使用鋼筆工具✎在畫面上繪製需要的標題框圖形。按一下"增加圖層樣式"按鈕ƒ，選擇"陰影"選項並設定參數，增加圖層樣式。

**06 製作標題框文字**

按一下水平文字工具Ｔ，設定前景色為棕黃色，輸入所需文字，雙點文字圖層，在屬性欄中設定文字的字體樣式及大小，將其放置於介面上標題框上合適的位置。

### 07 製作簡歷下方的重點文字

按一下水平文字工具 T.，設定前景色為淡黃色，輸入所需文字，雙點文字圖層，在屬性欄中設定文字的字體樣式及大小，將其放置於簡歷下方合適的位置，並按一下"增加圖層樣式" fx. 按鈕，選擇"陰影"選項並設定參數，增加圖層樣式。

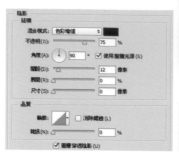

### 08 製作提示欄資訊和文字

按一下水平文字工具 T.，設定前景色為棕色，輸入所需文字，按兩下文字圖層，在屬性欄中設定文字的字體樣式及大小，將其放置於提示欄上合適的位置，選擇多邊形工具 ◎.，設定需要的邊數和顏色，在提示欄上繪製五角星形狀。按下快捷鍵 Ctrl+J，複製得到其拷貝，將其移至畫面上提示欄合適的位置，將多邊形群組化，重新命名為"星星"。

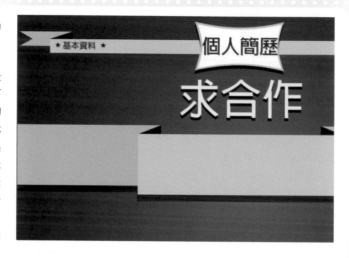

### 09 繼續製作文字和星星圖案

繼續按一下水平文字工具 T.，設定前景色為棕色，輸入所需文字，按兩下文字圖層，在屬性欄中設定文字的字體樣式及大小，將其放置於提示欄上合適的位置，選擇"星星"，連續按下快捷鍵 Ctrl+J，複製得到多個拷貝。將其依序放置於畫面上合適的位置。

### ⑩ 製作"技能指數"下拉清單

新增"圖層 3"，使用多邊形套索工具☑在提示欄下方合適的位置繪製需要的圖形，並將其填滿為棕紅灰色，按下快捷鍵 Ctrl+D 取消選取範圍。打開"01.png"檔案。拖曳到目前影像中，建立"圖層 4"，使用快捷鍵 Ctrl+T 變換影像大小，並將其放置於畫面上剛才繪製好的提示框上合適的位置。

### ⑪ 製作"技能指數"直條圖

使用矩形工具☐，在屬性欄中設定"填滿"為棕紅色，"筆畫"為"無"，按住 Shift 鍵在剛剛繪製的提示欄小圖示上合適的位置繪製需要的不同長度的矩形，製作"技能指數"的直條圖。

### ⑫ 製作"技能指數"直條圖對應的百分比

按一下水平文字工具☐，設定前景色為淡黃色，輸入所需文字，雙點文字圖層，在屬性欄中設定文字的字體樣式及大小，並將其放於繪製好的矩形上合適的位置。

## 13 製作提示欄下的下拉選單

選擇矩形工具 ▣，在屬性欄中設定其"填滿"為灰色，"筆畫"為"無"，在提示欄下方合適的位置繪製矩形並設定其需要的"不透明度"，複製後將其放置於提示語言右側合適的位置。

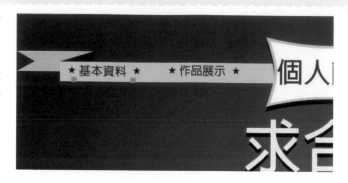

## 14 繼續製作提示欄下的下拉式功能表

繼續使用矩形工具 ▣，在屬性欄中設定其"填滿"為棕紅色，"筆畫"為"無"，在其下方繪製下拉欄，設定需要的"不透明度"。繼續使用矩形工具 ▣，在屬性欄中設定需要的"填滿"，在上面繪製比較獨特的矩形框。

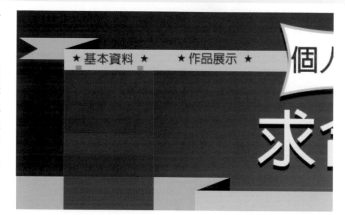

## 15 製作下拉式功能表上的分隔線

新增"圖層 5"，使用矩形選取畫面工具 ▣ 在下拉式功能表上繪製需要的分割線並將其填滿為需要顏色。然後按下快捷鍵 Ctrl+D 取消選取範圍。

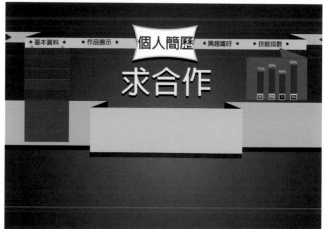

### 16 製作下拉式功能表欄上的文字

按一下水平文字工具 T，設定前景色為白色，輸入所需文字，雙點文字圖層，在屬性欄中設定文字的字體樣式及大小，將其放置於下拉欄上合適的位置。 製作介面下拉式選單上的提示。

### 17 製作下拉式選單上文字的圖層樣式，使文字看起來更加明確

對下拉式選單上的文字，按快捷鍵 Ctrl+G 新增 "群組 1"，按一下 "增加圖層樣式" 按鈕 fx，選擇 "陰影" 選項並設定參數，增加圖層樣式。

### 18 製作中心提示欄上的文字

按一下水平文字工具 T，設定前景色為棕色，輸入所需文字，雙點文字圖層，在屬性欄中設定文字的字體樣式及大小，將其放置於介面上中心提示欄上合適的位置。 使用鋼筆工具 ，在屬性欄中設定其 "填滿" 為棕色，"筆畫" 為 "無"，在文字上繪製需要的可愛圖案，為文字製作出不一樣的效果。

## 19 繪製中心文字旁的圖案效果

分別使用各種形狀工具，設定需要前景色，繪製需要的形狀並將其合併，得到"形狀 2"圖層。 按快捷鍵 Ctrl+T，變換影像大小，並將其放置於畫面中間合適的位置。 製作出豐富的文字和圖案的結合。

## 20 製作中心提示下方的提示圖示按鈕

選擇鋼筆工具，在其屬性欄中設定"填滿"為深紅色，"筆畫"為"無"，在畫面上繪製圖示的形狀，按一下"增加圖層樣式"按鈕，選擇"陰影"選項並設定參數，增加圖層樣式。 按一下水平文字工具，設定前景色為淡黃色，輸入所需文字，按兩下文字圖層，在屬性欄中設定文字的字體樣式及大小，將其放置於圖示上合適的位置。

## 21 製作介面下方圖示

執行"檔案 > 開啟舊檔"命令，打開"圖示 1.png"檔案。 拖曳到目前影像中，建立"圖層 6"，按快捷鍵 Ctrl+T，變換影像大小，並將其放置於畫面下方合適的位置。

**22** 使用相同的方法將介面下方的圖示製作完整

執行"檔案 > 開啟舊檔"命令，打開"圖示 3.png"至"圖示 5.png"檔案。拖曳到目前影像中，建立"圖層 7"至"圖層 10"，依序使用快捷鍵 Ctrl+T 變換圖像大小，並將其放置於畫面下方合適的位置。

**23** 製作介面下方圖示的提示文字

按一下水平文字工具，設定前景色為白色，輸入所需文字，雙點文字圖層，在屬性欄中設定文字的字體樣式及大小，將其依序放置於製作介面下方圖示上合適的位置。

**24** 製作介面下方提示文字的圖層樣式

選擇介面下方提示文字，按快捷鍵 Ctrl+G 新增"群組 2"。按一下"增加圖層樣式"按鈕，選擇"陰影"選項並設定參數，增加圖層樣式，使提示文字更加醒目。

## 25 製作相片展示

按一下水平文字工具，設定合適的前景色，輸入所需文字，按兩下文字圖層，在屬性欄中設定文字的字體樣式及大小，將其放置於畫面上合適的位置。執行"檔案 > 開啟舊檔"命令，打開"照片.jpg"檔案。拖曳到目前影像中，建立"圖層12"，按快捷鍵 Ctrl+T，變換圖像大小，並將其放置於畫面合適的位置。

## 26 為照片增加圖層樣式，使其更加突出

選擇"圖層12"，按一下"增加圖層樣式"按鈕，選擇"陰影"選項並設定參數，增加圖層樣式。

## 27 調整畫面的色調，將畫面製作完整

按一下"建立新填色或調整圖層"按鈕，在彈出的選單中選擇"色相/飽和度"選項，設定參數，調整畫面的色調。這樣一份專屬簡歷就製作完成啦！是不是很有質感！

Chapter 05

趣味塗鴉王國

你以為可愛的塗鴉照只是用 Photoshop 製作好用電腦觀看就好了嗎？悄悄告訴你，不只有這樣哦！塗鴉和我們的生活息息相關，也許塗鴉會悄悄地改變你的生活喲！不信就和我一起來看看吧！

# 創意解密：你不可不知的照片塗鴉

　　照片可以記錄我們每個人一生的印記。照片不僅是一個人生活歷程的憑證，而同時也是證明我們在這世界上存在過的唯一圖像。在上面塗鴉，可以使我們的照片更加有趣並且有紀念的意義。

## 什麼是照片塗鴉？

　　製作具有個性和創意的塗鴉之前，小編不得不問，你是否知道什麼是照片塗鴉，以及它的趣味在哪裡嗎？照片塗鴉可以把照片變成一段頗有情趣的生活情節，隨著照片塗鴉可以重溫生活中的美好時光。我們可以發現隱藏在照片裡的小樂趣，尋找生活的小情趣。

生活中各種生動有趣的塗鴉

　　生活中並不缺少美，缺少的是發現美的眼睛。面對一張簡簡單單的照片，如果你可以發現其中的小樂趣，一定會為自己的生活增添不少樂趣呦！生活是有限的，但你的想像是無限的。

照片塗鴉可以分為人物照片塗鴉、植物照片塗鴉、食物照片塗鴉、動物照片塗鴉、風景照片塗鴉和雜物照片塗鴉等。下面我們來欣賞一下這些不同類別的照片塗鴉吧！

不同類別的照片塗鴉

我們在製作照片塗鴉的過程中除了使用 Photoshop，還可以使用其他一些製圖的軟體。如下為利用"美圖秀秀"軟體製作的神奇塗鴉效果。

使用"美圖秀秀"製作的可愛塗鴉

## 小小的圖案就可以讓你的生活更有趣

　　我們在製作照片塗鴉的過程中，有時候不知道該怎樣繪製塗鴉，或者是繪製什麼樣的塗鴉會比較有意思。下面小編就將提供一些塗鴉的小圖案，幫助你快速方便地繪製需要的趣味塗鴉效果。不需要很複雜的照片塗鴉圖案，就可以創造非常有趣的照片，快來試一試吧！

塗鴉前

塗鴉後

小編精心準備的塗鴉小圖案

塗鴉前

塗鴉後

小編精心準備的塗鴉小圖案

塗鴉前

塗鴉後

小編精心準備的塗鴉小圖案

## 製作照片塗鴉的3種秘笈

### 01 勾線塗鴉法

勾線塗鴉法是製作照片塗鴉最基礎也最簡單的方法。不熟練的時候在圖片上先打好草稿。然後照著草稿的線條畫，慢慢修改，不要急躁，修改到自己覺得滿意時即可。在習慣塗鴉後要盡量少出現斷斷續續的線條。即使一開始畫得不好，慢慢練習就畫得很好了！

### 02 摸仿塗鴉法

模仿是個體自覺或不自覺地重複他人的行為的過程。是社會學習的重要形式之一。尤其在兒童時期，兒童的動作、語言、技能，以及行為習慣、品質等的形成和發展都離不開模仿。模仿可分為無意識模仿和有意識模仿、外部模仿和內部模仿等多種類型，是非常好的學習繪畫的方式。

勾線塗鴉的繪圖步驟

摸仿塗鴉法繪製的效果

### 03 鼠繪塗鴉法

鼠繪是指利用圖形軟體中一些特有工具及它們的特性，將一些從前只能利用筆刷、顏料表現在紙張上的圖形圖像，利用軟體及參數表現在顯示器上的一種電子繪圖技法。鼠繪不同於其他圖像製作，它要求作圖者對滑鼠能夠靈活地控制運用，對筆觸的壓力大小能適時把握，聽起來有些難，但是經過多次練習、反覆實踐、不斷累積的經驗會讓你覺得這也不是很難。

鼠繪塗鴉法繪製的效果

# 01 讓照片更有趣味

光碟路徑：Chapter5\Complete\讓照片更有趣味.psd

設計構思　現在非常流行將美味的美食照片處理為有趣的對話樣式，真的非常有趣。 你會不會也想要自己製作這樣有趣的照片呢？其實製作的方法非常簡單，下面就跟著小編一起來繪製這些美味的照片塗鴉吧！

## 設計要點

在製作美食照片塗鴉時，注意製作的畫面中可愛的小蝦仁的表情，還有最後增加的文字的可愛性，讓文字發揮畫龍點睛的作用，可不要畫蛇添足哦！另外，選擇文字樣式時盡量選擇可愛的文字樣式。

## 設計分享

在製作美食照片塗鴉時，首先需要對畫面的整體顏色進行監控，在繪製可愛表情的時候可以參考網站上的一些生動的表情來繪製，繪製完成後結合一些需要的圖層樣式，可以使表情更加生動哦！

### 增加可愛的文字

必殺技

按一下水平文字工具，設定需要的前景色，輸入所需文字，雙點文字圖層，在屬性欄中設定文字的字體樣式及大小，按快捷鍵Ctrl+T，變換文字的大小和方向，並將其放置於畫面合適的位置。

## ⑴ 繪製小蝦米的眼睛外形

打開一張美食照片，新增 "圖層1"，設定前景色為白色，按一下筆刷工具✐，選擇平角筆刷並適當調整大小及透明度，在小蝦米上適當塗抹，繪製小蝦米眼睛的外型輪廓。

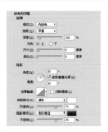

## ⑵ 製作小蝦米眼睛的立體紙張效果

選擇 "圖層1"，按一下 "增加圖層樣式" 按鈕✐，選擇 "斜角和浮雕"、"陰影" 選項並設定參數，增加圖層樣式。

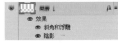

## ⑶ 繪製小蝦米的眼睛和其嘴部表情

新增 "圖層2"、"圖層3"，分別設定其需要的顏色，繼續使用筆刷工具✐，選擇平角筆刷並適當調整大小及透明度，在小蝦米上適當繪製其眼睛和嘴部表情，真是可愛極了！

## ⑷ 製作小蝦米嘴部的立體效果

選擇 "圖層3"，按一下 "增加圖層樣式" 按鈕✐，選擇 "陰影" 選項並設定參數，增加圖層樣式，製作小蝦米嘴部的立體效果，更加靈活立體地展現其臉部的可愛表情。

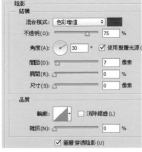

## 05 製作小蝦米的手部動作

新增"圖層 4"，設定前景色為深棕色，按一下筆刷工具，選擇平角筆刷並適當調整大小及透明度，在小蝦米上適當繪製手部，並按一下"增加圖層樣式"按鈕，選擇"斜角和浮雕"選項並設定參數，增加圖層樣式。

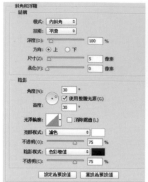

## 06 繪製小蝦米的眉毛效果

小蝦米的眉毛可以更加生動，表現小蝦米的表情，新增"圖層 5"，設定前景色為深棕色，單點筆刷工具，選擇平角筆刷並適當調整大小及透明度，在小蝦米的眼睛上方繪製生動的眉毛效果。

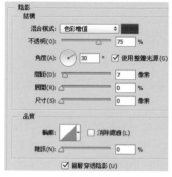

## 07 製作小蝦米的可愛皺紋和驚訝的線條

新增"圖層 6"、"圖層 7"，分別設定其需要的顏色，繼續使用筆刷工具，選擇平角筆刷並適當調整大小及透明度，在小蝦米上繪製小蝦米的可愛皺紋和驚訝的線條。

## 08 製作小蝦米的對話方塊

新增"圖層 8"、"圖層 9"，設定前景色為白色，繼續使用筆刷工具，選擇平角筆刷並適當調整大小及透明度，繪製小蝦米的對話方塊效果。

### 09 製作可愛照片的標題文字

按一下水平文字工具 T，設定前景色為棕色，輸入所需文字，按兩下文字圖層，在屬性欄中設定文字的字體樣式及大小，將其放置於畫面下方左下角合適的位置，製作可愛照片的標題文字。

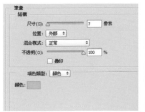 

### 10 製作可愛的小蝦米之間的對話

繼續按一下水平文字工具 T，設定前景色為棕色，輸入所需文字，按兩下文字圖層，在屬性欄中設定文字的字體樣式及大小，將其放置於小蝦米的對話方塊上合適的位置，並按一下"增加圖層樣式"按鈕 fx，選擇"筆畫"選項並設定參數，增加圖層樣式。

### 11 繼續製作可愛的小蝦米之間的對話

繼續按一下水平文字工具 T，設定前景色為棕色，輸入所需文字，按兩下文字圖層，在屬性欄中設定文字的字體樣式及大小，將其放置於小蝦米的對話方塊上合適的位置，並按一下"增加圖層樣式"按鈕 fx，選擇"筆畫"選項並設定參數，增加圖層樣式。

### 12 將可愛的小蝦米之間的對話製作完整

繼續按一下水平文字工具 T，設定前景色為棕色，輸入所需文字，按兩下文字圖層，在屬性欄中設定文字的字體樣式及大小，將其放置於小蝦米的對話方塊上合適的位置，並按一下"增加圖層樣式"按鈕 fx，選擇"筆畫"選項並設定參數，增加圖層樣式。這樣不一樣的美味照片就變得更加的富有生活的趣味感，相信會給你的生活帶來不一樣的趣味。

# 02 為照片找點樂趣

設計構思 你有沒有利用單眼相機的特殊運動功能拍攝過人物浮動、具有藝術感的照片，如果有，不妨用這些照片來塗鴉，為照片找點樂趣。你會發現，原來這些照片還可以更加有趣。

## 設計要點

在為人物浮動照片塗鴉時，注意繪製的線條的連貫性和趣味性，畫面中主要採用白色的線條，使人物變得更加有趣和生動。

## 設計分享

在為人物浮動照片塗鴉時，首先需要對畫面的整體色調進行設定，調整為具有小清新色調的畫面效果和感覺。為後面繪製有趣的圖案做一個鋪墊。這樣可以清楚地展現畫面所需要表達的內容。

### 必殺技

**使用筆刷進行塗鴉的技巧**

在繪製具有一定趣味性的照片時，重要的是注意物件之間的相互關聯性和畫面整體的可愛度。塗鴉繪製出來的畫面應具有一定的故事情節和關聯性。

### 01 新增"色彩填色 1"圖層,初步調整照片整體色調

按一下"建立新填色或調整圖層"按鈕 █◯◣,在彈出的功能表中選擇"色彩填色"選項,設定參數,設定混合模式為"排除",初步調整照片的整體色調。

### 02 新增"選取顏色 1"圖層,調整照片整體色調

按一下"建立新填色或調整圖層"按鈕 █◯◣,在彈出的功能表中選擇"選取顏色"選項,設定參數,繼續調整畫面的色調。

### 03 新增"色彩平衡 1"圖層,調整照片整體色調

按一下"建立新填色或調整圖層"按鈕 █◯◣,在彈出的功能表中選擇"色彩平衡"選項,設定參數,設定"不透明度"為 50%,繼續調整畫面的色調。

### 04 新增"曲線 1"圖層,調整照片整體色調

按一下"建立新填色或調整圖層"按鈕 █◯◣,在彈出的功能表中選擇"曲線"選項,設定參數,繼續調整畫面的色調。

### 05 新增"色版混合器 1"圖層,調整照片整體色調

按一下"建立新填色或調整圖層"按鈕 █◯◣,在彈出的功能表中選擇"色版混合器"選項,設定參數,繼續調整畫面的色調。

## 06 新增"色彩平衡 2"圖層，調整照片整體色調

按一下"建立新填色或調整圖層"按鈕 ，在彈出的功能表中選擇"色彩平衡"選項，設定參數，繼續調整畫面的色調。

## 07 新增"選取顏色 2"圖層，調整照片整體色調

按一下"建立新填色或調整圖層"按鈕 ，在彈出的功能表中選擇"選取顏色"選項，設定參數，繼續調整畫面的色調。

## 08 繼續設定參數，調整照片整體色調

繼續在彈出的功能表中選擇"選取顏色"選項，設定參數，繼續調整畫面的色調。

## 09 繪製白色的塗鴉

新增"圖層 1"，設定其前景色為白色，使用筆刷工具 ，選擇平角筆刷並適當調整大小，在人物下方繪製掃把的形狀，使人物看起來像是在掃把上飛起來。

## 10 繪製人物頭上的蝴蝶結

新增"圖層 2"，繼續使用平角筆刷工具 ，適當調整大小，在人物頭上繪製可愛的蝴蝶結圖案。

## 11 繪製人物的翅膀塗鴉

用你給我的翅膀飛這感覺不是傷悲……突然想起這樣一句歌詞，讓我們也來為人物繪製翅膀吧！新增"圖層3"，設定需要的前景色，繼續使用平角筆刷工具，適當調整大小，在畫面上繪製翅膀的圖案並填滿需要的顏色。

## 12 在繪製的翅膀上添加圖案

新增"圖層4"，繼續設定需要的顏色，使用平角筆刷工具，適當調整大小，在畫面上繪製翅膀上的圖案並填滿需要的顏色。

## 13 新增"曲線2"圖層，繼續調整整體畫面色調

單點"建立新填色調整圖層"按鈕，在彈出的功能表中選擇"曲線"選項，設定參數，繼續調整畫面的色調。

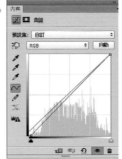

## 14 新增"色相/飽和度1"圖層，調整整體畫面色調

單點"建立新填色調整圖層"按鈕，在彈出的菜單中選擇"色相/飽和度"選項，設定參數，調整畫面的整體色調。這樣具有清新色調的具有趣味的照片塗鴉就製作完成了，有興趣可以來試一下哦！

# 03 搞怪大頭照

Ⓒ 光碟路徑：Chapter5\Complete\搞怪大頭照.psd

設計構思　現在越來越流行將照片處理為可愛的"大頭娃娃"了！自從"來自星星的你"流行
之後，大家是不是經常在網站上、QQ空間裡看到可愛的"都教授"的大頭照呀！
很可愛吧！，現在我就教大家如何把自己的照片製作成可愛的"大頭娃娃"吧！

## 設計要點

在製作搞怪大頭照時，注意製作的可愛的"大頭娃娃"與
下面身體銜接的一致性和真實感，並且注意設定筆刷大小
並選擇平角或圓角以表現出所需的效果。

## 設計分享

在製作搞怪大頭照之前需要對圖片進行整體顏色的設定，
使畫面色調統一。

### 快速放大縮小
### 需要的圖案

如果想要快速放大或縮小圖像，只
需要選中需要放大或縮小的圖像，
按快速鍵 Ctrl+T，即可任意更改
大小。

### 01 初步調整照片色調

打開照片檔案，新增"色彩填色1"圖層，設定混合模式為"色彩增值"，"不透明度"為18%。調整照片的色調。

### 02 調整照片色調，使其具有溫和感

繼續新增"色彩填色2"圖層，設定混合模為"排除"，"不透明度"為25%。調整照片的色調。

### 03 製作"大頭娃娃"效果

按快速鍵 Shift+Ctrl+Alt+E 合併並複製可見圖層，得到"圖層1"，執行"影像＞調整＞選取顏色"命令，設定需要的參數，調整照片的色調。使用套索工具選取人物的選取範圍，按下快速鍵 Ctrl+J 複製，得到"圖層1拷貝"，將其重命名為"圖層2"，按快速鍵 Ctrl+I，變換圖像大小，並將其放置於畫面合適的位置。

### 04 將人物的脖子調整到合適的粗細

按快速鍵 Shift+Ctrl+Alt+E 合併並複製可見圖層，得到"圖層3"，將其轉換為智慧物件後，執行"濾鏡＞液化"命令，對人物的脖子進行適當的調整。

### 05 製作"大頭娃娃"左側臉頰可愛的腮紅效果

新增"圖層4"，按一下筆刷工具，設定需要的顏色，選擇柔邊筆刷並適當調整大小及透明度，在人物臉部適當塗抹。

### 06 製作右側臉頰可愛的腮紅效果

選擇"圖層4"，按下快捷鍵 Ctrl+J，複製得到"圖層4拷貝"，按快速鍵 Ctrl+T，變換圖像大小和方向，並將其移至製作的"大頭娃娃"右側臉頰上，表現可愛的腮紅效果。是不是很可愛呀！

### 07 繪製塗鴉

新增"圖層5"，按一下筆刷工具 ，設定前景色為白色，選擇平角筆刷並適當調整大小，在"大頭娃娃"上方繪製可愛的抖動線條，按一下"增加圖層樣式"按鈕 fx，選擇"筆畫"選項並設定參數，增加圖層樣式。

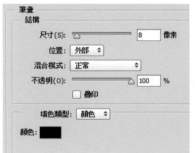

### 08 為畫面增加可愛生動的文字

按一下水平文字工具 T，設定前景色為白色，輸入所需文字，按兩下文字圖層，在屬性欄中設定文字的字體樣式及大小，並將其放置於畫面上人物左側合適的位置，增加文字後，增加了畫面的趣味性。

### 09 為文字增加"筆畫"效果

最後選擇文字圖層，按一下"增加圖層樣式"按鈕 fx，選擇"筆畫"選項並設定參數，增加圖層樣式。這樣可愛的搞怪大頭照塗鴉就製作完成了！真是可愛極了！

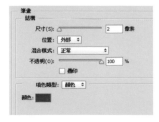

# 04 我們都是搗蛋鬼

ⓒ 光碟路徑：Chapter5\Complete\我們都是搗蛋鬼.psd

設計構思　有沒有想過你的照片和蝙蝠俠之類的超能力者放在一起，會發生什麼樣的化學反應嗎？你會發現原來兩個毫不相干的照片和塗鴉竟然可以有趣地銜接在一起，下面我們就來"搗蛋"一下吧！

## 設計要點

製作我們都是搗蛋鬼時，注意畫面色調之間的統一以及繪製的塗鴉和真實人物之間的銜接的自然性，否則製作出來的畫面效果並不會具有趣味性，相反還會有一點點奇怪。

## 設計分享

在製作我們都是搗蛋鬼之前，需要找到合適的拼接素材——人物的手，這樣才能使畫面中的拼接更加自然、生動。在繪製塗鴉的過程中，應注意繪製的塗鴉的表情的生動性。

### 必殺技

### "陰影"圖層樣式的作用

增加陰影圖層樣式效果後，圖像的下方會出現一個輪廓和影像內容相同的"影子"，這個影子有一定的偏移量，預設情況下會向右下角偏移。可以表現出真實立體的畫面效果。

### 01 增加照片中需要銜接的素材

打開一張美照，打開"手.png"文件。拖曳到目前圖像中，生成"圖層 1"，按快速鍵 Ctrl+T，變換圖像大小和方向，將其移至畫面左上方合適的位置。製作畫面和塗鴉的銜接。

### 02 調整人物手部的色調

按一下"建立新填色或調整圖層"按鈕 ，在彈出的功能表中選擇"相片濾鏡"選項，設定參數，並按一下內面板中"這項調整會剪裁至圖層 ( 按一下則會影響所有下方圖層 )"按鈕 ，新增圖層剪裁遮色片，調整人物手部的色調。

### 03 製作手拿卡片的樣式

在人物手部下方新增"圖層 2"，使用矩形選取畫面工具 在畫面上繪製矩形選取範圍，並將其填滿為嫩綠色，完成後取消選取範圍，按快速鍵 Ctrl+T，變換圖像大小和方向，將其移至畫面手部下方合適的位置。

### 04 製作卡片真實的陰影效果

選擇"圖層 2"，按一下"增加圖層樣式"按鈕 ，選擇"陰影"選項並設定參數，增加圖層樣式。

### 05 製作完成畫面的有趣效果

新增"圖層 3"，設定前景色為黑色，使用筆刷工具 ，選擇平角筆刷並適當調整大小及透明度，在卡片上繪製蝙蝠俠的簡單圖案，注意繪製的圖案與真實人物之間的銜接。

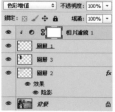

# 05 花園裡的小精靈

**設計構思** 我們小時候常常和家人一起去公園裡面踏青，現在想想還是充滿溫暖和愛意，生活中那些不經意間的小細節總會被我們不經意地留下，就像花園裡不經意間拍攝的照片一樣，在閒暇時拿出來塗鴉，真是別有一番甜蜜滋味在心頭呀！

## 設計要點

在製作花園裡的小精靈時，使用深色的筆刷工具繪製人物的輪廓，同過設定不同的前景色，在畫面上塗抹，慢慢地繪製出可愛的人物。

## 設計分享

在製作花園裡的小精靈時，主要需要注意的是，繪製的顏色之間的銜接和設定的顏色飽和度的問題，特別是在繪製人物表情時，盡量表現得可愛生動一些。

### 筆刷工具

小教材

塗鴉的繪製都是比較隨意、簡單的設計類型。在 Photoshop 中，可使用筆刷工具☑進行繪製。大部分塗鴉圖像都是屬於可愛型的，非常受年輕朋友的喜愛。在我們繪製圖形的過程中常常需要使用筆刷工具☑，並隨時調整其大小和硬度以快速完成圖像繪製。按住 Alt 鍵並同時按下滑鼠右鍵，上下拖曳調整硬度，左右拖曳調整大小。簡單且可愛的塗鴉，對於達人玩家來說，幾乎都是通過筆刷工具☑進行繪製的呢~

### 01 調整照片的色調

打開公園或花園一角的照片，按一下"建立新填色或調整圖層"按鈕 ，在彈出的功能表中選擇"色階"選項，設定參數，調整畫面的色調。

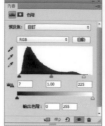

### 02 繪製人物的外輪廓，填充臉上的顏色

新增"圖層1"，設定前景色為棕色，使用筆刷工具 ，選擇柔邊緣壓力大小筆刷並適當調整大小，在畫面上繪製小孩外輪廓，在其下方新增"圖層2"，繼續設定需要的顏色和筆刷樣式，繪製小孩臉上的顏色。

### 03 繪製人物的五官並適當表現出可愛的效果

在"圖層1"上方新增"圖層3"，繼續使用筆刷工具 ，選擇柔邊圓形壓力尺寸筆刷並適當調整大小，設定前景色為棕色，繪製小孩的眼睛。 返回"圖層2"，新增"圖層4"，繼續使用筆刷工具 ，設定需要的顏色以及筆刷樣式，繪製小孩臉上的顏色，新增其圖層剪裁遮色片，並設定模式為"色彩增值"。

### 04 繪製臉部亮部效果

新增"圖層5"，設定前景色為白色，使用筆刷工具 ，選擇柔邊筆刷並適當調整大小，在小孩的臉上繪製亮部效果。按住 Alt 鍵按一下滑鼠左鍵，新增其圖層剪裁遮色片，並設定模式為"濾色"。

## 05 繪製手臂上的顏色及其陰影效果

在"圖層 2"下方新增"圖層 6",設定前景色為肉色,使用筆刷工具，選擇平角筆刷並適當調整大小,繪製手部的顏色,新增"圖層 7",繼續使用筆刷工具，選擇柔邊筆刷並適當調整大小和透明度,設定需要的顏色在手部旁邊繪製陰影,按住 Alt 鍵按一下滑鼠左鍵,建立圖層剪裁遮色片。

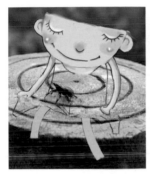

## 06 繪製腿部的顏色及陰影效果

在"圖層 6"下方新增"圖層 8",設定前景色為肉色,使用筆刷工具，選擇平角筆刷並適當調整大小,繪製腳部的顏色,新增"圖層 9",繼續使用筆刷工具，選擇柔邊筆刷並適當調整大小和透明度,設定需要的顏色,在腳部旁邊繪製陰影和亮部,按住 Alt 鍵按一下滑鼠左鍵,新增圖層剪裁遮色片。

## 07 繪製衣服的顏色及衣服上的花紋

在"圖層 8"下方新增"圖層 10",設定前景色為橘紅色,使用筆刷工具，選擇平角筆刷並適當調整大小,繪製衣服的顏色,新增"圖層 11",繼續使用筆刷工具，設定需要的顏色,在人物的衣服上繪製花紋。按住 Alt 鍵按一下滑鼠左鍵,新增圖層剪裁遮色片。

## 08 繪製手上的書籍及上面的圖案

在"圖層 10"下方新增"圖層 12",設定前景色為亮白灰色,使用平角筆刷工具，塗抹人物手上的書籍,新增"圖層 13",繼續使用筆刷工具，設定需要的顏色在書籍上繪製圖案和陰影。按住 Alt 鍵按一下滑鼠左鍵,新增圖層剪裁遮色片。

## 09 繪製人物的鞋子和上面的陰影

在"圖層12"下方新增"圖層14"，
設定前景色為淡黃色，使用平角筆刷工
具 ☑ 將人物的鞋子填滿為淡黃色，新增
"圖層15"，設定前景色為土黃色，繼
續使用柔邊筆刷工具 ☑ 繪製鞋子的陰
影。 按住 Alt 鍵按一下滑鼠左鍵，新增
圖層剪裁遮色片。

## 10 繪製鞋子上的花紋

新增"圖層16"，設定前景色為粉紅
色，使用平角筆刷工具 ☑，適當調整
大小及透明度，在鞋子上繪製可愛的花
朵，按住 Alt 鍵按一下滑鼠左鍵，新增圖
層剪裁遮色片。

## 11 繪製可愛小女孩的頭髮

在"圖層14"下方新增"圖層17"，設
定前景色為墨綠色，使用平角筆刷工具
☑，適當調整大小及透明度，在畫面上
繪製小女孩頭髮的整體造型，繼續設定
前景色為淡綠色，在小女孩的頭髮上繪
製光感。

## 12 繼續細緻地繪製小女孩
的頭髮

繼續新增"圖層18"，設定前景色為墨
綠色，使用筆刷工具 ☑，選擇柔邊緣壓
力大小筆刷並適當調整大小，在畫面上
繪製小孩的頭髮，細緻表現頭發上的細
節。

### 13 製作兩個辮子上的花朵

新增 "圖層 19"，設定需要的前景色，使用
筆刷工具 ✎，選擇平角筆刷並適當調整大
小，在畫面上繪製可愛的花朵，按快捷鍵
Ctrl+T，變換圖像大小，將其放置於小孩的
左側的辮子上。 複製後放置於小孩的右側的
辮子上。

### 14 繪製女孩頭髮上的髮絲

返回 "圖層 3"，新增 "圖層 20"，設定前
景色為深綠色，使用筆刷工具 ✎，選擇柔邊
圓形壓力尺寸筆刷並適當調整大小，繪製小
孩的頭髮，細緻表現頭髮上的細節。

### 15 繪製套頭的髮圈外輪廓

新增 "圖層 21"，設定前景色為深紫色，使
用筆刷工具 ✎，選擇平角筆刷並適當調整大
小，在小女孩的頭髮上繪製髮圈的外輪廓。

### 16 繪製髮圈內部的顏色

在 "圖層 21" 下方新增 "圖層 22"，設定需
要的不同前景色，使用筆刷工具 ✎，選擇平
角筆刷並適當調整大小，並填滿小女孩頭髮
上的髮圈的顏色。

### 17 製作髮圈上的陰影

在 "圖層 22" 下方新增 "圖層 23"，設定前
景色為黑色，使用筆刷工具 ✎，選擇柔邊筆
刷並適當調整大小和透明度，在發圈上適當
繪製陰影，設定混合模式為 "色彩增值"。

## 18 繪製髮圈上的陰影

返回"圖層 21"，新增"圖層 24"，設定前景色為深黃色，使用筆刷工具 ✏️，選擇平角筆刷並適當調整大小，繪製髮圈上的陰影。

## 19 製作小女孩身上的陰影

按住 Shift 鍵選擇"圖層 17"至"圖層 24"，按快速鍵 Ctrl+G 新增"群組 1"。按一下"增加圖層樣式"按鈕 fx，選擇"陰影"選項並設定參數，然後增加圖層樣式。

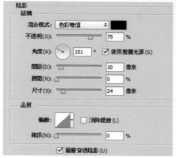

## 20 製作小女孩真實的陰影

在"組 1"下方新增"圖層 24"，設定前景色為黑色，使用筆刷工具 ✏️，選擇柔邊筆刷並適當調整大小和透明度，繪製小女孩真實的陰影。

## 21 新增"色相 / 飽和度 1"圖層，調整畫面色調

返回"組 1"，按一下"新增新的填充或調整圖層"按鈕 ⊘，在彈出的功能表中選擇"色相 / 飽和度"選項。設定參數，調整畫面的色調，使其更加鮮亮。這樣就又增加了一個可愛的小夥伴，真是美好的下午呀！

# 06 搞怪 "喵星人"

Ⓒ 光碟路徑：Chapter5\Complete\搞怪 "喵星人" .psd

## 設計構思

我們眾多的愛寵物人士應該都給自己的寵物拍攝過很多萌照吧！現在風靡於網路的喵星人和汪星人真是把無數網友都萌翻了！我們也可以透過神奇的 Photoshop 為我們的寵物製作它們的可愛塗鴉照片哦！

## 設計要點

在製作搞怪 "喵星人" 時，主要使用平角筆刷工具在照片上繪製可愛的圖案，使照片變得更加生動和有趣，然後結合文字工具製作出畫面中的對話，使塗鴉更加生動有趣！

是要給我喝嗎？想毒死我吧！

我為我們喵哥獨家秘製的飲料！

## 必殺技

### 文字工具的運用

按一下水平文字工具 T ，設定前景色為字色，輸入所需文字，按兩下文字圖層，在其屬性欄中設定文字的字體樣式及大小並將其放置於和畫面上合適的位置。

## 設計分享

在製作搞怪 "喵星人" 時，要注意繪製的圖案和寵物之間的關係，否則繪製出來的塗鴉就沒有其意義了！文字對話的製作也需要經過思考，這樣製作出來的塗鴉才會更有趣。

### 01 初步調整畫面色調

打開一張寵物照片，單點"建立新的填充或調整圖層"按鈕 ，在彈出的功能表中選擇"曲線"選項，設定參數，調整畫面的色調。

### 02 新增"色階1"圖層，繼續調整畫面色調

按一下"建立新填色或調整圖層"按鈕 ，在彈出的功能表中選擇"色階"選項，設定參數，調整畫面的色調，將整體畫面提亮。

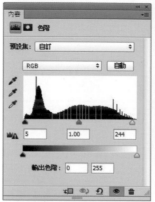

### 03 在右下方繪製小老鼠的外輪廓

新增"圖層1"，設定前景色為黑色，按一下筆刷工具 ，選擇平角筆刷並適當調整大小，在畫面的右下方繪製小老鼠的外輪廓。

### 04 繼續增加小老鼠紋理

新增"圖層2"，設定前景色為黑色，按一下筆刷工 ，選擇平角筆刷並適當調整大小，在右下方繼續增加小老鼠紋理。

## 05 將小老鼠填充為白色

在"圖層1"下方新增"圖層3",設定前景色為白色,按一下筆刷工具 ✏️,選擇平角筆刷並適當調整大小,將小老鼠填滿為白色。

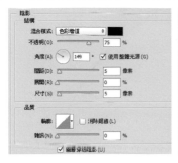

## 06 製作貓咪旁邊的對話方塊

在圖層面板最上方新增"圖層4",繼續按一下筆刷工具 ✏️,選擇平角筆刷並適當調整大小,在貓咪的右側繪製對話框的樣式,按一下"增加圖層樣式"按鈕 fx,選擇"陰影"選項並設定參數,增加圖層樣式。

## 07 製作貓咪的可愛對話

按一下水平文字工具 T,設定前景色為黑色,輸入所需文字,按兩下文字圖層,在屬性欄中設定文字的字體樣式及大小,將其放置於貓咪對話方塊上合適的位置,按一下"增加圖層樣式"按鈕 fx,選擇"筆畫"選項並設定參數,增加圖層樣式。

## 08 製作小老鼠左側的對話方塊

新增"圖層5",繼續按一下筆刷工具 ✏️,選擇平角筆刷並適當調整大小,在小老鼠左側繪製對話方塊的樣式,按一下"增加圖層樣式"按鈕 fx,選擇"陰影"選項並設定參數,增加圖層樣式。

## 09 製作小老鼠的可愛對話

按一下水平文字工具 T，設定前景色為黑色，輸入所需文字，雙點文字圖層，在屬性欄中設定文字的字體樣式及大小，將其放置於小老鼠左側上合適的位置，單點"增加圖層樣式"按鈕 fx，選擇"筆畫"選項並設定參數，增加圖層樣式。

## 10 繪製貓咪頭上的可愛圖案

新增"圖層6"，設定前景色為白色，按一下筆刷工具 ，選擇平角筆刷並適當調整大小，在貓咪頭上繪製燈泡的大體線條圖案。

## 11 繪製完成可愛的寵物塗鴉

在"圖層6"下方新增"圖層7"，設定前景色為嫩綠色，單點筆刷工具 ，選擇平角筆刷並適當調整大小，將燈泡塗抹上顏色，並設定其不透明度為75%。將可愛的寵物塗鴉製作完整。這樣的塗鴉真是有趣極了，你是不是馬上就想在自己的小寵物上塗鴉啦？

# 07 一起分享美食吧

設計構思　美食的照片塗鴉是很多人特別喜愛的，本書中美食照片的塗鴉製作所占的比例也非常大。我們的生活越來越好首先就體現在美食上。看到這些誘人的美食，就會情不自禁地想要拿起筆刷在上面進行一次有趣的塗鴉吧！下面就讓我們一起來分享美食吧。

## 設計要點

在製作美食塗鴉時，注意繪製的人物表情以及塗鴉之間的關係，以及塗鴉的對話文字之間的趣味性及關聯性。

## 設計分享

在製作美食塗鴉時，畫面中的人物以及人物的表情和相互之間的關聯性對趣味性來說是非常重要的，我們可以利用網路上已有的素材模仿繪畫並適當的改進，這樣繪製出來的畫面效果會更加生動有趣。

小祕技

**"筆畫" 圖層樣式**

應用筆畫效果，可以為圖層描上一層有顏色的邊緣，可以設定所需顏色的筆畫。"結構" 中的 "大小" 是指筆畫的粗細程度，製作筆畫可以突顯畫面中的文字和圖像。

## 01 打開照片並對其進行簡單的調色

按一下"建立新填色或調整圖層"按鈕 ⊘.，在彈出的功能表中選擇"色相/飽和度"選項，設定參數，調整照片的整體的色調。

## 02 繪製畫面上的塗鴉人物頭部

讓我們先來繪製一下可愛的女孩吧！新增"圖層1"，設定需要的前景色，使用筆刷工具 ✐，選擇平角筆刷並適當調整大小及透明度，繪製女孩頭部的輪廓，並繪製臉部的顏色，在其下方新增"圖層2"，繼續使用筆刷工具 ✐，繪製人物頭髮的顏色。

## 03 繪製塗鴉的女孩頭部的光影效果

在"圖層2"上方新增"圖層3"，設定需要的前景色，使用筆刷工具 ✐，選擇柔邊筆刷並適當調整大小及透明度，在女孩頭髮上塗抹出需要的光影效果，按住 Alt 鍵按一下滑鼠左鍵，新增圖層剪裁遮色片。

## 04 繪製女孩臉上的光影效果

返回"圖層1"，在其上方新增"圖層4"，設定需要的前景色，使用筆刷工具 ✐，選擇柔邊筆刷並適當調整大小及透明度，在女孩臉上塗抹出其需要的顏色和光影效果，按住 Alt 鍵按一下滑鼠左鍵，新增其圖層剪裁遮色片。

## 05 繪製女孩的身體

在繪製完成女孩的頭部之後，下面我們來繪製女孩的身體，新增"圖層5"，同樣設定需要的前景色，使用筆刷工具✐，選擇平角筆刷並適當調整大小及透明度，繪製女孩的身體。

## 06 繪製男孩

新增"圖層6"，同樣設定需要的前景色，使用筆刷工具✐，選擇平角筆刷並適當調整大小及透明度，繪製與女孩相對應的男孩其表情和身體效果。

## 07 繪製對話方塊效果

新增"圖層7"，設定需要的前景色，使用筆刷工具✐，選擇平角筆刷並適當調整大小及透明度，繪製對話方塊效果。 按下快速鍵 Ctrl+J 複製，得到"圖層7拷貝"，按下快速鍵 Ctrl+T，變換圖像大小和方向，並將其放置於畫面合適的位置。

## 08 製作人物之間文字對話

按一下水平文字工具T，設定前景色為棕色，輸入所需文字，按兩下文字圖層，在屬性欄中設定文字的字體樣式及大小，將其放置於畫面上合適的位置，按一下"增加圖層樣式"按鈕fx，選擇"筆畫"選項並設定參數，增加圖層樣式。 這樣，有趣而又生動的畫面就製作完成啦！

# 08 我在素描自畫像中

設計構思　你想不想讓自拍照更具個性呢？我們可以使用 Photoshop 製作這種具有個性的素描自畫像，下面和小編一起來看看如何製作這樣的畫面吧！

## 設計要點

在製作素描自畫像時，可以將人物圖片處理為不透明度較低的圖像，搭配筆刷工具進行繪製會更加方便，在繪製過程中注意繪製的線條的疏密關係。

## 設計分享

在製作素描自畫像時，注意銜接的色塊和線條之間的變化，使得畫面表現出素描和真實人物合為一體的效果。

### 必殺技

**如何設定筆刷？**

選擇筆刷工具☑在其屬性欄中筆刷選項處點右側的下拉功能表可以選擇筆刷形狀，並且設定功能表下面的選項欄裡面可以設定筆刷，主要設定"不透明度"和"流量"，這樣便可以輕鬆地設定筆刷，繪製需要的圖形了！

**01** 新增"色階 1"圖層，調整照片整體色調

打開一張自拍照片，按一下"建立新填色或調整圖層"按鈕 ，在彈出的功能表中選擇"色階"選項，設定參數，調整畫面的整體色調。

**02** 新增"色相/飽和度 1"圖層，繼續調整照片整體色調

按一下"建立新填色或調整圖層"按鈕 ，在彈出的功能表中選擇"色相/飽和度"選項，設定參數，調整畫面的整體色調。

**03** 繪製素描人物的邊緣輪廓

按快速鍵 Shift+Ctrl+Alt+E 合併並複製可見圖層，得到"圖層 1"，將其下方所有圖層的可見性關閉並設定較低的不透明度。新增圖層，設定前景色為黑色，按一下筆刷工具 ，選擇需要的筆刷並適當調整大小及透明度，勾勒出人物左側的素描輪廓，刪除"圖層 1"。打開其他圖層的可見性。

**04** 製作素描人物下面的底色

將"圖層 2"重新命名為"圖層 1"，並在其下方新增"圖層 2"。設定前景色為淡灰色，按一下筆刷工具 ，選擇需要的筆刷並適當調整大小及透明度，適當塗抹人物，在塗抹的過程中注意塗抹邊緣的效果。

### 05 製作需要素描的輪廓清晰效果

新增"圖層 3"、"圖層 4"，繼續使用筆刷工具 ✍，選擇需要的筆刷並適當調整大小及透明度，適當繪製人物清晰的輪廓效果，製作出需要素描的效果。

### 06 繪製畫面上人物的素描樣式

新增"圖層 5"、"圖層 6"，繼續使用筆刷工具 ✍，選擇需要的筆刷並適當調整大小及透明度，繪製出其素描的樣式效果。

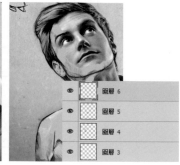

### 07 繪製效果的明暗

素描效果繪製完成後，繼續新增"圖層 7"。使用筆刷工具 ✍，選擇需要的筆刷並適當調整大小及透明度，適當繪製其素描效果的明暗，這樣製作出來的畫面更加真實。

### 08 增加"手"的效果，完成繪製

打開"手 .png"、"手 2.png"檔並拖曳到目前圖像中，生成"圖層 8"和"圖層 9"。按快速鍵 Ctrl+T，變換圖像大小和方向，並將其放置於畫面合適的位置。這樣，素描自畫像就完成了，畫面非常具有藝術感並且非常生動。

# 知識拓展：豐富多樣的塗鴉圖案

製作照片塗鴉的過程中，可能有一些沒有學習過繪畫的小夥伴們會煩惱在照片上塗鴉什麼圖案。下面小編為你精心挑選了許多可愛有趣的塗鴉圖案，希望可以對你設計照片塗鴉有一定的幫助。

可愛的塗鴉圖案

潮流塗鴉圖案

具有文字的可愛塗鴉圖案

形象塗鴉圖案

妝點生活的小創意

Chapter 06

生活中那些不經意的小創意可以使你的生活變得更有意思，一些簡單的小圖案可以
使你的生活有別樣的精彩。我們可以從可愛的貼紙、悠遊卡上的個性圖案、旅行時行李
箱上的潮流圖案中找到生活中的小創意，你也可以自己設計身邊的這些小物品哦！下面
就跟著小編一起來妝點我們的生活吧！

# 發現生活：你不可不知的精美小圖案

　　我們的生活中無處不存在著一些簡單卻很可愛的小圖案，在家裡的某個角落中，它們總是讓你的房間和你的生活更生動，無時無刻不在豐富著我們的生活。

生活角落中的精美圖案

簡單的小圖案使我們的生活更有趣

# 01 生活中的可愛貼紙

Ⓒ 光碟路徑：Chapter6\Complete\生活中的可愛貼紙.psd

**設計構思** 我們生活中隨處可見一些可愛的小貼紙和卡片，在上面隨心所欲製作文字和圖案，會得到非常可愛和有趣的效果，下面小編就將教大家如何使用 Photoshop 製作畫面上的小卡片，使我們的生活更加有趣。

## 設計要點

在製作生活中的可愛貼紙時，主要使用文字工具製作小貼紙上的文字效果，搭配筆刷工具繪製小貼紙上的可愛圖案。

## 設計分享

在製作生活中的可愛貼紙時，需要注意我們製作的小貼紙非常小且精緻，因此在製作的過程中需要注意繪製的圖案不要過大，而且製作的文字需要盡量精緻一些。

**必殺技**

### 如何快速複製圖層

我們在 Photoshop 中複製圖層時可以按下快捷鍵 Ctrl+J 複製得到"圖層拷貝"，那如何快速複製想要複製的圖層呢？我們可以按一下選擇需要複製的圖層，然後按住 Alt 鍵拖曳滑鼠，即可快速複製所需要的圖層。是不是很簡單呀？

## 01 打開圖片檔案

打開我們需要製作可愛小貼紙的圖片檔案，得到"背景"圖層。

## 02 製作小卡片上面的文字效果

按一下水平文字工具 T ，設定前景色為紅灰色，輸入所需文字。雙擊文字圖層，在其屬性欄中設定文字的字體樣式及大小，按快捷鍵 Ctrl+T，轉換影像方向，並將其放置於小卡片上合適的位置。

## 03 製作小卡片上左側的花紋樣式

新增"圖層 1"，設定前景色為灰色，使用筆刷工具 ，選擇需要的筆刷並適當調整大小及透明度，在小卡片的左側繪製需要的圖案。按快速鍵 Ctrl+T，轉換影像方向，將其放置於小卡片上合適的位置。最後設定圖層混合模式為"色彩增值"。

## 04 製作小卡片上右側的花紋

選擇"圖層 1",按下快速鍵 Ctrl+J,複製得到"圖層 1 拷貝",按快速鍵 Ctrl+T,轉換影像方向,將其放置於畫面上小卡片右側合適的位置。 按一下"增加圖層遮色片"按鈕 ,按一下筆刷工具 ,選擇平角筆刷並適當調整大小及透明度,在遮色片上塗抹不需要的部分。

## 05 製作小卡片下方的紋理樣式

新增"圖層 2",使用筆刷工具 ,選擇需要的筆刷並適當調整大小及透明度,在小卡片的下側繪製需要的圖案。按快速鍵 Ctrl+T,轉換影像方向和大小,將其放置於畫面上小卡片上合適的位置,設定混合模式為"色彩增值"。製作小卡片下方的紋理樣式。

## 06 製作小卡片上方的紋理樣式

選擇"圖層 2",按下快速鍵 Ctrl+J,複製得到"圖層 2 拷貝",按快速鍵 Ctrl+T,轉換影像方向,將其放置於畫面上小卡片上方合適的位置。 按一下"增加圖層遮色片"按鈕 ,按一下筆刷工具 ,選擇平角筆刷並適當調整大小及透明度,在遮色片上塗抹不需要的部分。 這樣精緻的小卡片就製作完成了,放到禮物中,一定會為你的禮物增色不少。

### 設計構思

公車是我們生活中最常用的交通工具了，我們搭乘公車時必不可少的就是拿出悠遊卡來刷卡，一款精緻有趣的悠遊卡貼飾會使你的悠遊卡看上去與眾不同！

### 設計要點

在製作精緻卡片貼飾時，主要使用筆刷工具，透過不同色彩的搭配，繪製可愛的卡片貼飾形象，然後增加可愛的文字，完成精緻卡片貼飾的製作。

**必殺技**

**快速更改筆刷大小**

在使用 Photoshop 中的筆刷工具繪製圖案時，如果使用屬性欄更改筆刷大小會非常麻煩，其實透過按下快速鍵【或】即可快速更改筆刷大小，真的很方便哦！

### 設計分享

在製作精緻卡片貼飾時，需要注意色彩的搭配及顏色之間的和諧，否則繪製出來的圖案會十分的不自然。

## 01 繪製卡片貼飾上的可愛圖案

新增空白影像檔案。設定前景色為棕色，新增 "圖層 1"，按一下筆刷工具 ⟍，選擇平角筆刷並適當調整大小及透明度，在畫面中間繪製可愛的小貓的外形。在其下方新增 "圖層 2"，設定需要的前景色，在繪製的小貓的外形上適當塗抹，繪製出下方圖案的顏色。

## 02 繼續繪製小貓的圖案

繼續新增 "圖層 3"、"圖層 4"，設定需要的前景色，按一下筆刷工具 ⟍，選擇需要的筆刷並適當調整大小及透明度，在小貓上適當塗抹。選擇所有繪製的小貓圖層，按下快速鍵 Ctrl+E 將其合併，得到 "圖層 1"。

## 03 在下方製作可愛的背景圖案

使用圓角矩形工具 ▢，在屬性欄中設定 "填滿" 為黃色、"筆畫" 為 "無"，繪製圓角矩形，得到 "圓角矩形 1"，將其點陣化。打開 "花紋 .psd" 檔案並將其拖曳到目前影像中，新增 "圖層 2"，設定混合模式為 "濾色"。

## 04 調整畫面整體色調

按一下 "建立新填色或調整圖層" 按鈕 ◑，在彈出的功能表中選擇 "色相 / 飽和度" 選項，設定參數，調整畫面的色調。

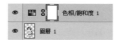

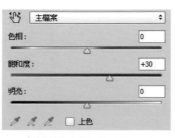

### 05 製作小貓上方的圖案

打開"花紋.png"檔案並將其拖曳到目前影像中，新增"圖層3"。按快速鍵 Ctrl+T，轉換影像大小，並將其放置於畫面上方合適的位置。

### 06 製作小貓上方圖案中的文字

按一下水平文字工具 T，設定前景色為白色，輸入所需文字。按兩下文字圖層，在屬性欄中設定文字的字體樣式及大小，將其放置於繪製好的氣球上合適的位置。

### 07 製作畫面上的主體文字

按一下水平文字工具 T，設定前景色為棕色，輸入所需文字。按兩下文字圖層，在屬性欄中設定文字的字體樣式及大小。按快速鍵 Ctrl+T，轉換影像方向，並將其放置於畫面上合適的位置。

### 08 完成製作精緻卡片貼飾

按住 Shift 鍵選擇主體文字，按下快捷鍵 Ctrl+J，複製得到其拷貝，按快速鍵 Ctrl+E 合併圖層並將其重新命名為"圖層4"，將其放置於文字下方。執行"選取>修改>擴張"命令，在彈出的對話方塊中設定參數。按一下"增加圖層樣式"按鈕 fx，選擇"陰影"選項並設定參數，增加圖層樣式。這樣，我們的卡片貼飾就做好了，是不是特別萌呀!!!

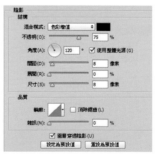

# 03 潮流行李箱貼紙

光碟路徑：Chapter6\Complete\潮流行李箱貼紙.psd

## 設計構思

在車站等車時，常常會看到一些很潮的人在行李箱上貼著很多很潮的貼紙，我們也可以利用 Photoshop 製作專屬於自己的潮流行李箱貼紙！

## 設計要點

在製作潮流行李箱貼紙時，主要結合圖層及選擇擴張選取範圍對其進行填色，再搭配"筆畫"圖層樣式將潮流行李箱貼紙簡單地製作出來。

### 必殺技

**如何擴張選取範圍？**

在選中需要進行擴張的選取範圍之後，執行"選取>修改>擴張"命令，並在彈出的對話方塊中設定擴張的參數，完成後按一下"確定"按鈕，即可將選取範圍擴張。

## 設計分享

在製作潮流行李箱貼紙時，需要注意每一個圖案之間的關係，並且注意其排列最好是非常飽滿的，這樣看上去才會引人注目哦！

### 01 製作貼紙圖形

新增空白影像檔案，得到"背景"圖層，按一下水平文字工具 [T.]，設定前景色為深藍色，輸入所需文字。新增"圖層1"，使用平角畫筆工具，設定需要的顏色，繪製需要的影像。將文字圖層和"圖層1"合併，得到"圖層1"，再為其統一填滿棕黃色的底色。

### 02 製作貼紙下面的白色網底

在"圖層1"下方新增"圖層2"，按住 Ctrl 鍵按一下"圖層1"的縮圖載入其選取範圍。執行"選取 > 修改 > 擴張"命令，並在彈出的對話框中設定擴張參數，完成後單點"確定"按鈕，將選取範圍擴張。將擴張的選取範圍填充為白色。

### 03 製作貼紙白色網底的筆畫

完成填色後，按下快速鍵 Ctrl+D 取消選取範圍。按一下"增加圖層樣式"按鈕 [fx.]，選擇"筆畫"選項並設定參數，增加圖層樣式。

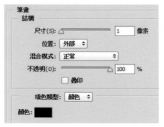

### 04 使用相同的方法製作貼紙

打開"01.png"檔案並將其拖曳到目前影像中，新增"圖層3"。按快速鍵 Ctrl+T，轉換影像大小，將其放置於製作的圖示右側，然後使用和前面製作貼紙相同的方法，製作貼紙樣式。

### 05 使用提供的圖形製作潮流貼紙

打開 "02.png" 檔案並將其拖曳到目前影像中，新增 "圖層 5"。按快速鍵 Ctrl+T，轉換影像大小，並將其放置於畫面的上方，使用和前面製作貼紙相同的方法，製作貼紙樣式。

### 06 繼續使用提供的圖形製作潮流貼紙

打開 "03.png" 檔案並將其拖曳到目前影像中，新增 "圖層 7"。按快速鍵 Ctrl+T，轉換影像大小，並將其放置於製作的圖示的右下側，使用和前面製作貼紙相同的方法，製作貼紙樣式。

### 07 繼續使用相同的方法製作貼紙

打開 "04.png" 檔案並將其拖曳到目前影像中，新增 "圖層 9"。按快速鍵 Ctrl+T，轉換影像大小，並將其放置於製作的圖示的左下側，使用和前面製作貼紙相同的方法，製作貼紙樣式。

### 08 繼續使用相同的方法製作貼紙

打開 "05.png" 檔案並將其拖曳到目前影像中，新增 "圖層 11"。按快速鍵 Ctrl+T，轉換影像大小，並將其放置於製作的圖示右上側，使用和前面製作貼紙相同的方法，製作貼紙樣式。

### 09 繼續使用相同的方法製作貼紙

打開 "06.png" 檔案並將其拖曳到目前影像中，新增 "圖層 13"。按快速鍵 Ctrl+T，轉換影像大小，並將其放置於製作的圖示的左側，使用和前面製作貼紙相同的方法，製作貼紙樣式。

**10** 繼續使用相同的方法製作貼紙

打開 "07.png" 檔案並將其拖曳到目前影像中，新增 "圖層 15"。 按快速鍵 Ctrl+T，轉換影像大小，並將其放置於製作的圖示的右側，使用和前面製作貼紙相同的方法，製作貼紙樣式。

**11** 繼續使用相同的方法製作貼紙

打開 "08.png" 檔案並將其拖曳到目前影像中，新增 "圖層 17"。 按快速鍵 Ctrl+T，轉換影像大小，並將其放置於製作的圖示的下側，使用和前面製作貼紙相同的方法，製作貼紙樣式。

**12** 繼續使用相同的方法製作貼紙

打開 "09.png" 檔案並將其拖曳到目前影像中，新增 "圖層 19"。 按快速鍵 Ctrl+T，轉換影像大小，並將其放置於製作的圖示中上側，使用和前面製作貼紙相同的方法，製作貼紙樣式。

**13** 繼續使用相同的方法製作貼紙

打開 "10.png" 檔案並將其拖曳到目前影像中，新增 "圖層 21"。 按快速鍵 Ctrl+T，轉換影像大小，並將其放置於製作的圖示的左下側，使用和前面製作貼紙相同的方法，製作貼紙樣式。

**14** 製作完成潮流行李箱貼紙

打開 "11.png" 檔案並將其拖曳到目前影像中，新增 "圖層 23"。 按快速鍵 Ctrl+T，轉換影像大小，並將其放置於製作的圖示的右下側，使用和前面製作貼紙相同的方法，製作貼紙樣式。 看看是不是很潮呀？把它列印出來貼在自己的行李箱上就不會有人和你的箱子一樣啦！

# 04 可愛蛋糕小插旗

## 設計構思

喜歡看韓劇的女孩們一定常常在韓劇中看到男主角帶著女主角去蛋糕店裡挑選可口精緻蛋糕的橋段，而美味蛋糕上的精緻小插旗發揮了畫龍點睛的作用，使蛋糕看起來更美味。

## 設計要點

在製作可愛蛋糕小插旗时，主要使用自訂形狀工具製作可愛小插旗的形狀，並搭配"斜角和浮雕"圖層樣式製作小插旗的旗桿。

### 小殺技

#### 自訂形狀工具

利用自訂形狀工具可以繪製出所需的正多邊形。繪製時游標的起點為多邊形的中心，而終點為多邊形的一個頂點。使用自訂形狀工具 ，在其屬性欄中選擇需要的形狀和前景色，便可繪製自己需要的圖案及顏色。

## 設計分享

在製作可愛蛋糕小插旗時，我們需要注意製作的小插旗上顏色搭配的和諧性，色調應該主要以小清新的色調為主。

## 01 初步繪製小插旗的形狀

新增空白影像檔案。設定前景色為紅灰色，選擇自訂形狀工具，在其屬性欄中選擇需要的形狀，設定需要的填色，設定"筆畫"為"無"，繪製需要的形狀，得到"形狀 1"圖層，按下快速鍵 Ctrl+J，複製得到"形狀 1 拷貝"圖層。適當縮小並更改其填充顏色為藍灰色，將其依次對齊。

## 02 製作圖案中的虛線框

繼續按下快速鍵 Ctrl+J，複製得到"形狀 1 拷貝 2"圖層，在自訂形狀工具屬性欄中設定"填滿"為"無"，"筆畫"為大小為 1.4 點的白色虛線。按快速鍵 Ctrl+T，轉換影像大小，適當縮小，將其依序對齊。

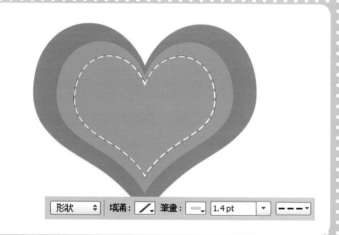

## 03 將文字嵌入路徑

繼續按下快速鍵 Ctrl+J，複製得到"形狀 1 拷貝 2"圖層，在自定形狀工具屬性欄中設定"填滿"為"無"，"筆畫"為"無"。單點水平文字工具，設定前景色為黑色，按一下路徑輸入所需文字，按兩下文字圖層，在屬性欄中設定文字的字體樣式及大小，將文字嵌入路徑。

## 04 製作小插旗上面的文字圖案

按一下水平文字工具 T，設定前景色為棕色，輸入所需文字 "1"。按兩下文字圖層 "1"，在屬性欄中設定文字的字體樣式及大小，將其放置於小插旗中間合適的位置，製作小插旗上面的文字圖案。

## 05 繼續製作小插旗上面的文字圖案

選擇剛才製作的小插旗上之文字圖案，按下快捷鍵 Ctrl+J，複製得到 "1拷貝" 圖層，將其移至製作好的文字之另一側。至此，小插旗上的文字製作完成。

## 06 將小插旗圖案移至蛋糕圖案的上方

打開 "可愛蛋糕小插旗" 照片，按住 Shift 鍵圈選剛才製作的小插旗圖案的所有圖層，將其移全圖片上。按快捷鍵 Ctrl+T，轉換影像大小和方向，並將其放置於畫面合適的位置。

| | | |
|---|---|---|
| 👁 | T | 1 拷貝 |
| 👁 | T | 1 |
| 👁 | T | Merry ChristmasMerry Christm... |
| 👁 | ▨ | 形狀 1 拷貝 2 |
| 👁 | ▨ | 形狀 1 拷貝 |
| 👁 | ▨ | 形狀 1 |
| 👁 | 🖼 | 背景　　　　🔒 |

## 07 製作小插旗的紙張效果

在"形狀 1"圖層下方新增"圖層 1"，按住 Ctrl 鍵按一下"形狀 1"圖層的縮圖，得到其邊緣的選取範圍後執行"選取 > 修改 > 擴張"命令，並在彈出的對話方塊中設定參數，完成後按一下"確定"按鈕 [fx.]。將得到的選取範圍填滿為白色，完成後取消選取範圍，按一下"增加圖層樣式"按鈕，選擇"陰影"選項並設定參數，增加圖層樣式。

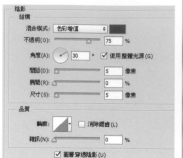

## 08 製作小插旗的旗杆

在"圖層 1"下方新增"圖層 2"，使用多邊形套索工具 [✓] 在小插旗上繪製旗杆的選取範圍。將得到的選取範圍填滿為白色，完成後取消選取範圍。按一下"增加圖層樣式"按鈕 [fx.]，選擇"斜角和浮雕"選項並設定參數，增加圖層樣式，製作小插旗的旗杆。

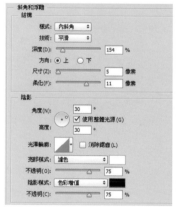

## 09 建立"相片濾鏡 1"圖層，調整畫面色調

返回文字圖層，按一下"建立新的填充或調整圖層"按鈕 [●.]，在彈出的功能表中選擇"相片濾鏡"選項，設定參數，在圖層面板中設定混合模式為"變亮"，調整畫面的色調。這樣可愛溫馨的畫面是不是能直接將你帶入夢幻的韓劇裡面去呀？

# 05 趣味面具

## 設計構思

我想每個人都有自己的大頭照片吧！我們不如為它加上自己繪製的可愛面具，讓其變得更有趣。

## 設計要點

在製作趣味面具時，主要使用筆刷工具繪製需要的面具圖案，並將其放置在照片上製作我的趣味面具。

### 必殺技

### 點陣化圖層

我們在 Photoshop 中在對圖層進行編輯的過程中常常需要將圖層或文字點陣化再對其進行編輯，只需要選取需要點陣化的圖層，單點滑鼠右鍵，選擇"點陣化文字"命令，即可將圖層點陣化。

## 設計分享

在製作趣味面具時，需要注意選取的照片，透過表情變化來繪製我們需要的可愛面具，這樣製作出來的效果才會更加生動。

---

### 01 繪製面具的嘴部外輪廓以及填充

新增空白影像檔案。新增"圖層1"、"圖層2"，設定前景色為黃色，按一下筆刷工具，選擇平角筆刷並適當調整大小，依次繪製面具嘴部外輪廓以及填色。

## 02 繪製面具上的嘴巴

新增"圖層3"、"圖層4"，設定需要的前景色，按一下筆刷工具，選擇平角筆刷並適當調整大小，繪製面具上的嘴巴。

## 03 製作面具的紙張質感樣式

在"圖層1"下方新增"圖層5"，按住Ctrl鍵按一下滑鼠左鍵選擇"圖層2"，得到選取範圍之後適當的擴張並將其填滿為白色，將所有圖層新增"群組1"，按一下"增加圖層樣式"按鈕 fx.，選擇"陰影"選項並設定參數，增加圖層樣式。

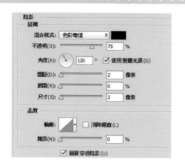

## 04 使用相同的方法繼續繪製面具

使用和前面相同的方法新增圖層，繪製面具，並製作面具的紙張質感樣式，得到"群組2"。

## 05 使用相同的方法繼續繪製面具

使用和前面相同的方法新增圖層，繪製面具，並製作面具的紙張質感樣式，得到"群組3"。

## 06 使用相同的方法繼續繪製多種不同樣式的面具

使用和前面相同的方法新增圖層，繪製面具，並製作面具的紙張質感樣式，將後面製作的面具合併得到"圖層18"至"圖層20"。

### 07 打開人物圖片，將其放置於畫面上合適的位置

新增空白影像檔案。打開"人物.jpg"、"人物 2.jpg"、"人物 3.jpg"文件。拖曳到目前影像中，新增"圖層 1"至"圖層 3"，按快速鍵 Ctrl+T，轉換影像大小，並將其放置於合適的位置。

### 08 繼續打開人物圖片，將其放置於畫面上合適的位置

打開"人物 4.jpg"、"人物 5.jpg"、"人物 6.jpg"檔案。拖曳到目前影像中，新增"圖層 4"至"圖層 6"，按快速鍵 Ctrl+T，轉換影像大小，並將其放置於合適的位置。

### 09 製作人物的可愛面具

將前面製作好的面具圖案拖曳到圖層上，按快速鍵 Ctrl+T，轉換影像大小，並將其放置於人物臉上合適的位置。

### 10 繼續製作人物的可愛面具

繼續將前面製作好的面具圖案拖曳到圖層上，按快速鍵 Ctrl+T，轉換影像大小，並將其放置於人物臉上合適的位置。

## 11 建立"選取顏色 1"圖層，調整畫面色調

按一下"建立新填色或調整圖層"按鈕，在彈出的功能表中選擇"選取顏色"選項，設定參數，調整畫面的色調。

## 12 建立"選取顏色 2"圖層，調整畫面色調

按一下"建立新填色或調整圖層"按鈕，在彈出的功能表中選擇"選取顏色"選項，設定參數，調整畫面的色調。

## 13 建立"色彩填色 1"圖層，調整畫面色調

按一下"建立新填色或調整圖層"按鈕，在彈出的功能表中選擇"色彩填色"選項，設定參數，調整畫面的色調。

## 14 建立"色彩填色 2"圖層，調整畫面色調

按一下"建立新填色或調整圖層"按鈕，在彈出的功能表中選擇"色彩填色"選項，設定參數，調整畫面的色調。

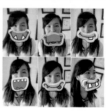

## 15 建立"曲線 1"、"色相/飽和度 1"、"色階 1"圖層，調整畫面色調

按一下"建立新填色或調整圖層"按鈕，在彈出的功能表中選擇"曲線"、"色相/飽和度"、"色階"選項，設定參數，調整畫面的色調。這樣的面具是不是很可愛呀？

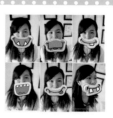

光碟路徑：Chapter6\Complete\為小夥伴準備精美卡片.psd

## 設計構思

我們生活中會有不同的聚會，比如你的小夥伴過生日，送什麼樣的禮物才能讓你的禮物非常有心意呢？不如送他一張你自己準備的精美卡片吧！真的非常的有心意喲！

## 設計要點

在製作精美卡片時，主要使用各種不同的形狀工具並搭配文字工具，製作出小清新的圖案，將其貼在卡片上。

### 必殺技

**點陣化文字圖層**

在 Photoshop 中，在對圖層進行編輯的過程中常常需要將文字點陣化再對其進行編輯，我們只需要選取需要點陣化的文字圖層，選擇文字圖層按一下滑鼠右鍵選擇「點陣化文字」選項，將文字圖層點陣化。然後便可以在文字圖層上進行需要的編輯啦！

## 設計分享

在製作精美卡片時，需要注意製作的圖案之間的關係及顏色的和諧性，另外要注意使圖案具有可搭配性。

## 01 製作圖案 1

新增空白影像檔案。新增"圖層1"，設定不同的前景色，使用各種形狀選取範圍工具繪製可愛的蛋形圖案，在其下方使用平角筆刷工具 ，設定不同的前景色並適當調整大小，在其後方繪製美麗的花紋。

## 02 繼續繪製圖案 1 上的標題列

在"圖層1"上方新增"圖層3"，繼續使用各種形狀選取範圍工具繪製圖案1上的標題列，並將其填滿為需要的顏色。

## 03 製作標題列上的文字

按一下水平文字工具 ，設定前景色為紅色，輸入所需文字，按兩下文字圖層，在其屬性欄中設定文字的字體樣式及大小，將其放置於標題列上合適的位置，製作標題欄上的文字並將其點陣化。將其重新命名為"圖層4"。

## 04 繪製圖案 2

繼續新增"圖層5"，設定不同的前景色，使用各種形狀選取範圍工具繪製圖案2的選取範圍並將其填滿為合適顏色，完成後取消選取範圍。

## 05 繪製圖案 2 上的圖案

新增"圖層6"、"圖層7",設定前景色為黃色,繼續使用各種形狀選取範圍工具繪製需要的圖案,並將其填滿為黃色,然後按下快捷鍵 Ctrl+D 取消選取範圍。

## 06 製作圖案 2 上的文字效果

按一下水平文字工具 [T],設定前景色為紅色,輸入所需文字,按兩下文字圖層,在屬性欄中設定文字的字體樣式及大小,將其放置於標題列上合適的位置,製作標題列上的文字並將其點陣化。 將其重新命名為"圖層8"。

## 07 使用相同的方法繪製圖案 3

繼續新增"圖層9",設定不同的前景色,使用各種形狀選取範圍工具繪製圖案 3 的選取範圍,並將其填滿為合適的顏色,完成後取消選取範圍。

## 08 為小夥伴準備精美的卡片

打開一張空白的卡片,得到"背景"圖層,按兩下"背景"圖層,得到"圖層0"。 將繪製好的圖案一一拖曳到畫面中,按快速鍵 Ctrl+T,轉換影像大小,並將其放置於畫面合適的位置。適當選擇圖層複製,按快捷鍵 Ctrl+T,轉換影像方向,並將其放置於畫面合適的位置。為小夥伴準備的精美卡片完成。這樣精心準備的卡片,我想你的小夥伴一定會很感動啦!

# 07 我的夢幻王國

ⓒ 光碟路徑：Chapter6\Complete\我的夢幻王國.psd

## 設計構思

你有沒有嘗試過用相機的動作捕捉模式來拍攝照片呀！如果沒有的話，不如就試一試吧！我們可以用這些瞬間抓拍的照片製作出非常萌的畫面哦！想讓你的照片變得萌萌的嗎？那麼就和小編一起來看看吧！

## 設計要點

在製作為我的夢幻王國時，主要使用快速遮色片工具及各種繪製工具製作出小清新的圖案，將其與去背的人物相互搭配。

## 必殺技

### 快速遮色片的作用

快速遮色片幾個基本作用：去背、保護圖層局部不被整體濾鏡影響、或不被其他操作影響、應用於圖層之間的合併效果。運用快速遮色片可以快速將畫面上需要的圖案和畫面擷取出來。

## 設計分享

在製作我的夢幻王國時，需要注意製作的圖案之間的關係及顏色的和諧性，並且要使圖案具有可搭配性。

## 01 製作畫面背景

執行 "檔案 > 開新檔案" 命令，新增空白影像檔案。 新增 "圖層1"，設定前景色為亮藍色，按下快速鍵 Alt+Delete，填滿背景色為亮藍色，新增 "圖層 2"，使用漸層工具，依序設定漸層顏色為藍色到透明色的線性漸層、 綠色到透明色的線性漸層，並從上到下或者從下到上拖曳出漸層。

## 02 替照片去背

打開在跳躍的時候瞬間抓拍的照片，按一下以 "快速遮色片模式編輯" 按鈕，按一下筆刷工具，選擇霧邊圓形筆刷，並適當調整大小，在照片上塗抹出需要擷取的影像。

## 03 擷取人物

完成後按一下 "以標準模式編輯" 按鈕，將得到人物之外的選取範圍，然後按下快速鍵 Delete，將人物的背景刪除。 這樣就輕鬆地將畫面中的人物擷取出來了。

### 04 將擷取出來的人物放置於畫面中

將擷取出來的人物放置於先開始製作好的漸層背景上，得到"圖層3"，按快速鍵Ctrl+T，轉換影像大小，並將其放置於畫面合適的位置。

### 05 繪製氣球

在"圖層3"下方新增"圖層4"，設定需要的前景色，繪製氣球圖案，按快速鍵Ctrl+T，轉換影像大小，並將其放置於畫面合適的位置。

### 06 繪製畫面下方的花花草草

新增"圖層5"，設定需要的前景色，分別使用鋼筆工具 和各種形狀工具在畫面下方繪製需要的花草圖案，將畫面製作得更加豐富，看到花花草草，心情真是美極了！

## 07 繪製畫面上的彩虹圖案

新增"圖層6"，設定需要的前景色，按一下筆刷工具 ✐，選擇需要的筆刷並適當調整大小及透明度，繪製彩虹的圖案並在後面繪製可愛的小太陽，這樣的畫面真是美極了！

## 08 繼續在畫面上繪製彩虹圖案，使畫面上的圖案更加豐富

新增"圖層7"，設定需要的前景色，按一下筆刷工具 ✐，選擇需要的筆刷並適當調整大小及透明度，繼續在畫面上繪製彩虹的圖案。

## 09 繪製被踩在腳下的雲朵圖案

新增"圖層8"，設定前景色為白色，按一下筆刷工具 ✐，選擇實邊圓形筆刷並適當調整大小，在人物的腳下繪製雲朵的圖案。小小的雲朵就像棉花一樣，可愛極了！

### ⑩ 製作出可愛雲朵的層次感

選擇"圖層 8"，連續按下快速鍵 Ctrl+J，
複製得到多個"圖層 8 拷貝"，按快速鍵
Ctrl+T，轉換影像大小，將其放置於畫面合
適的位置。

### ⑪ 繼續製作畫面上 QQ 的雲朵效果

繼續選擇"圖層 8"，連續按下快捷鍵
Ctrl+J，複製得到多個"圖層 8 拷貝"，按
快速鍵 Ctrl+T，轉換影像大小，並將其放置
於畫面合適的位置，真是可愛極了。

### ⑫ 調整畫面的色調

按一下"建立新填色或調整圖層"按鈕，
在彈出的功能表中選擇"色相 / 飽和度"選
項，設定參數，增亮畫面的整體顏色。哇
哇～連我都覺得自己萌萌的～～～真是可愛極
了！

# 知識拓展：快速製作卡片貼飾

　　製作卡片貼飾有捷徑。找到你想要的圖片，編輯為標準卡片貼飾規格尺寸 5.4cm×8.5cm 的大小，用"背膠相紙"進行製作。由於需要專業的相紙印表機，所以請去大一點的沖洗店或者相片沖印店。這裡說明一下，一張"背膠相紙"的尺寸一般是 A3 或者 A4 的，所以你排版卡片貼飾時可以一次多排幾張。列印完成後，要求列印店做"單面覆膜冷裱"，冷裱後卡片貼飾就有了防水防刮不易受潮掉色的優點。最後一步就是回家，拿剪刀剪下卡片貼飾，黏在你的卡片上，你的卡片就是天下獨一無二的卡片了！

具有特色獨一無二的卡片貼飾欣賞

　　卡片貼飾的製作工藝很簡單，需要的材料也不像製作其他的東西那樣複雜和囉嗦，PET 水晶背膠相紙、印表機、包膜機、電腦、油墨紙，以上這些就可以輕鬆地將卡片貼飾製作出來。不過如果你想再省力一些，可以直接去列印店！哈哈……我們在製作卡片貼飾的封面時 Photoshop 是必備的，修改格式、修改尺寸、比例用 Photoshop 處理也會事半功倍哦！

自製可愛個性卡片貼飾欣賞

自製個性貼紙欣賞

# Chapter 07

## 我的DIY
## 快樂時光

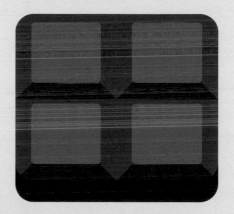

　　盛夏的午後，炙熱的溫度令人不想出門，只想待在家中伴著濃郁茶香看看書，享用沁涼美味的午後甜點，或是坐在電腦前"揮動著"滑鼠，開始我的DIY快樂時光！生活中的各個元素都可以成為我想像中的一部分，使用 Photoshop 製作創意的照片更是一種簡單快樂的享受。

# 發現美好：你不可不知的 DIY

生活中往往有很多沒有發現的美好，就在我們忽視的身邊，看看下面小編對生活中常被忽視物品的 DIY，你會發現生活中無所不在的小確幸！

## 什麼是DIY？

DIY 是英文 DoItYourself 的縮寫，又譯為自己動手做，DIY 原本是個動詞短語，往往被當作形容詞使用，意指"自助的"。在 DIY 的概念形成之後，也漸漸興起一股與其相關的周邊產業，越來越多的人開始思考如何讓 DIY 融入生活。

一些簡單的瓶瓶罐罐或是隨處可見的生活用品，在 DIY 達人的手中變成了具有不同風格的藝術品。真的很佩服那些藝術家們，一雙巧手可以創作出這些美好。

*DIY創作*

生活是每個人最好的導師，DIY 的用處遠遠多於你所知道的喲！在欣賞了這些小東西後，小編還要告訴你，我們可以 DIY 自己家中的照片牆，下面就跟著小編一起來欣賞一下吧！

具有創意的照片牆

## 製作DIY需要的能力

　　生活中往往有很多並沒有發現的美好，就在我們忽視的身邊。下面是小編對生活中易被忽視物品的一些 DIY 或許能給你帶來一些啟發！

*01* 如何激發我的觀察能力？

　　我從小到大無時無刻不在學習觀察，如何觀察、怎樣更仔細觀察，已經成為我的一個關注點。看見有趣的圖片我就會仔細去看，看看其中有沒有什麼特別的地方，看見任何有趣的事物我都會停下腳步細細品味，找出其中的竅門，如此反覆，樂在其中。

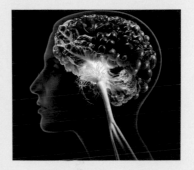

觀察這些照片的創意

　　如何激發個人的觀察能力呢？第一，觀察要有目的性，如果觀察目的非常明確，在觀察時就容易抓住關鍵，對現象的感受也會更深。第二，觀察要有條理性，觀察要有一定的條理，不能胡亂觀察，到處亂看亂摸。要有順序地去做一件事情，不要搞錯了順序。第三，觀察要有理解性，所謂理解性就是指在觀察的過程中不要只是看看而已，還要想這是為什麼，為什麼要這樣觀察。從大處著眼觀察對象會發現其全貌，局部的觀察會發現其中肉眼都難以觀察到的細節。

近距離、遠距離，以及大面積、小面積觀察物體的方式

## 02 如何讓我更有想像力？

　　如何更有想像力呢？不如試一試靜下心，然後再去幻想。對一些事物用跳躍的思維去想像！下面小編帶你欣賞一些具有創意的影像，希望可以給你的想像帶來一些啟發。

想像力豐富的影像

　　想像不是空中樓閣，而是基於一定的生活環境的。如果對外部環境一無所知，那麼肯定無法運用想像力。豐富的生活可以讓腦海裡有更多的"原始材料"。這樣，想像力才有堅實的基礎。

源自於生活的想像空間

我們在貧乏的生活中很難找到生活情趣。現在就和俄羅斯手繪達人 Marina 一起，在攝影的基礎上增加一些小創意，將拍攝早餐桌後，加上簡單的手繪作品，這樣就顯得更加有趣了：躲在碗後面的小白熊、在牛奶裡釣魚的青蛙小人、荒野中的一頭麋鹿，趣味十足！

我們再來欣賞一下 Aakash Nihalani 利用簡單的彩色線條創造的幻覺效果。"生活本來就充滿著各種假象，有時你永遠無法分辨真假，其實很多的事結果早已註定，是非對錯不是靠努力就能決定的"。

和 Aakash Nihalani 利用簡單的彩色線條創造的幻覺效果相似，我們也可以將情侶閨蜜的照片照單全收，製作出具創意的生活照片，真的是非常的有趣喲！

# 01 我的婚禮請帖我做主

光碟路徑：Chapter7\Complete\我的婚禮請帖我做主.psd

## 設計構思

每個人都想讓自己的婚禮與眾不同，下面我們就從請帖開始，讓你的朋友一看就知道這是你的婚禮！

## 設計要點

在製作婚禮請帖時，主要使用不同顏色的筆刷工具繪製出有趣的圖案，將男女主角包圍起來，真是可愛極了！

### 必殺技

**如何快速調整影像的色相／飽和度**

調整在色調的過程中，常常使用色相／飽和度來調整畫面上的顏色飽和度以及色相。那麼怎樣才能更加迅速地調整圖片的色相／飽和度呢？很簡單，只需要按下快速鍵 Ctrl+U，就會彈出色相／飽和度對話框，在其中可以調整畫面色調。

## 設計分享

在製作婚禮請帖時，需要注意各個圖案之間的關係，主要採用偏粉色的色調來製作，這樣更能夠突出婚禮的喜悅！

## 01 製作背景顏色並在中間繪製樹

新增空白影像檔。 設定前景色為粉色，建立圖層剪裁遮色片。 按下快速鍵 Alt+Delete，填滿背景色為粉色，新增 "圖層1"，設定需要的前景色，按一下筆刷工具 ✎，選擇實邊圓形筆刷並適當調整大小，在畫面中間繪製樹木。

## 02 在畫面中間繪製情侶

新增 "圖層2"，設定需要的前景色，按一下筆刷工具 ✎，選擇實邊圓形筆刷並適當調整大小繪製情侶的圖案。

## 03 繪製畫面上的文字

新增 "圖層3"，設定需要的前景色，按一下筆刷工具 ✎，選擇實邊圓形筆刷並適當調整大小，增加標題文字。 在繪製文字的時候需要注意文字顏色的搭配。

## 04 繪製文字左下方的戒指圖案

新增 "圖層4"，設定需要的前景色，按一下筆刷工具 ✎，選擇實邊圓形筆刷並適當調整大小，繪製文字左下方的戒指圖案。 按快速鍵 Ctrl+T，轉換影像方向，將其放置於文字左下方合適的位置。

### 05 繪製請帖左上方的戀愛小鳥

新增"圖層 5",設定需要的前景色,按一下筆刷工具 🖌️,選擇實邊圓形筆刷並適當調整大小,繪製左上方的戀愛小鳥,進一步表現主題。

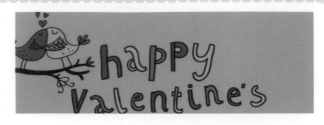

### 06 繪製請帖右上方的愛的天使

新增"圖層 6",設定需要的前景色,按一下筆刷工具 🖌️,選擇實邊圓形筆刷並適當調整大小,繪製請帖右上方的愛的天使,進一步增進主題。

### 07 繪製請帖左下方的戀愛小貓

新增"圖層 7",設定需要的前景色,按一下筆刷工具 🖌️,選擇實邊圓形筆刷並適當調整大小,繪製請帖左下方的戀愛小貓,進一步增進主題。

### 08 繪製請帖右下方的愛的小屋

新增"圖層 8",設定需要的前景色,按一下筆刷工具 🖌️,選擇實邊圓形筆刷並適當調整大小,繪製請帖右下方的愛的小屋,繼續進一步增進主題。

### 09 繪製請帖左側的小兔子

新增 "圖層9"，設定需要的前景色，按一下筆刷工具 ✎，選擇實邊圓形筆刷並適當調整大小，繪製請帖左側的小兔子，按快速鍵 Ctrl+T，轉換影像方向，更進一步突顯畫面愛的主題。

### 10 繪製請帖右側的小鳥

新增 "圖層10"，設定需要的前景色，按一下筆刷工具 ✎，選擇實邊圓形筆刷並適當調整大小，繪製請帖右側的小鳥，按快速鍵 Ctrl+T，轉換影像方向，更進一步突出畫面愛的主題。

### 11 繪製請帖左側的酒瓶

新增 "圖層11"，設定需要的前景色，按一下筆刷工具 ✎，選擇實邊圓形筆刷並適當調整大小，繪製請帖左側的酒瓶，按快速鍵 Ctrl+T，轉換影像方向，更進一步突顯畫面愛的主題。

### 12 繪製請帖右側的蛋糕

新增 "圖層12"，設定需要的前景色，按一下筆刷工具 ✎，選擇實邊圓形筆刷並適當調整大小，繪製請帖右側的蛋糕，按快速鍵 Ctrl+T，轉換影像方向，更進一步突顯畫面愛的主題。

### 13 繪製請帖下方的小馬

新增 "圖層13"，設定需要的前景色，按一下筆刷工具 ✎，選擇實邊圓形筆刷並適當調整大小，繪製請帖下方的小馬，按快捷鍵 Ctrl+T，轉換影像方向，更進一步突顯畫面愛的主題。

## 14 繪製請帖下方的嘴唇

新增"圖層 14",設定需要的前景色,按一下筆刷工具 ✍,選擇實邊圓形筆刷並適當調整大小,在畫面下方繪製嘴唇的形狀,按快速鍵 Ctrl+T,轉換影像大小,設定混合模式為"色彩增值"。

## 15 建立"色相/飽和度 1"圖層,調整畫面色調

按一下"建立新填色或調整圖層"按鈕 ◎,在彈出的選單中選擇"色相/飽和度"選項,設定參數,調整畫面的色調。將畫面的色彩飽和度適當拉高。

## 16 建立"色階 1"圖層,調整畫面色調,完成繪製

按一下"建立新填色或調整圖層"按鈕 ◎,在彈出的功能表中選擇"色階"選項,設定參數,調整畫面的色調。增加顏色對比度,完成繪製。這樣的請帖是不是很美呀!

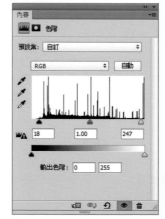

# 02 打造自己的夢幻房間

光碟路徑：Chapter7\Complete\打造自己的夢幻房間.psd

設計構思　小時候我們總是在自己房間的牆上亂畫。下面小編教給大家如何使用一些簡單的圖案打造自己的夢幻房間！

## 設計要點

在打造自己的夢幻房間時，主要使用筆刷工具繪製可愛的塗鴉，並搭配"色彩增值"圖層樣式將塗鴉貼合在畫面上。

## 設計分享

在打造自己的夢幻房間時，在塗鴉的過程中需要注意畫面上的圖案與房間的透視，這樣製作出來效果才會真實。

### "色彩增值"圖層樣式

色彩增值即查看每個色版中的顏色資訊，並將基色與混合色混合。最後的顏色總是較暗的顏色。任何顏色與黑色混合產生黑色。任何顏色與白色混合保持不變。當用黑色或白色以外的顏色繪畫時，繪製的連續描邊會產生逐漸變暗的顏色。

## 01 打開影像檔

打開房間的美照，得到"背景"圖層。

## 02 繪製牆壁上的可愛圖案

新增"圖層 1"，設定需要的前景色，按一下筆刷工具 ✎，選擇實邊圓形筆刷並適當調整大小，在牆壁上繪製可愛的圖案，並將其放置於燈泡上。新增"圖層 2"，設定前景色為棕色，在牆壁上繪製可愛的蛋糕，設定混合模式為"色彩增值"。

## 03 複製牆壁上可愛的蛋糕圖案

選擇"圖層 3"，按下快速鍵 Ctrl+J，複製得到"圖層 3 拷貝"，按快速鍵 Ctrl+T，轉換影像大小，並將其放置於畫面牆壁上合適的位置。

## 04 繼續繪製房間玻璃上的圖案

繼續新增"圖層 4"、"圖層 5"，設定需要的前景色，使用筆刷工具 ✎，選擇實邊圓形筆刷並適當調整大小，在牆壁的左右兩側繪製需要的圖形並設定混合模式為"色彩增值"。表現出蛋糕的層次。

## 05 繪製牆壁上可愛的小貓

新增"圖層 6",設定需要的前景色,使用筆刷工具 ✐,選擇實邊圓形筆刷並適當調整大小,在牆壁的中間繪製可愛的小貓,複製得到"圖層 6"拷貝,返回"圖層 6",設定混合模式為"色彩增值"。向其右後方適當地輕移,以表現出小貓和牆壁之間的區分。

## 06 繼續繪製牆壁上的可愛蛋糕圖案

新增"圖層 7",設定需要的前景色,使用筆刷工具 ✐,選擇實邊圓形筆刷並適當調整大小,在牆壁上繪製可愛的蛋糕。

## 07 繼續繪製牆壁上的可愛蛋糕圖案

新增"圖層 8"至"圖層 10",設定需要的前景色,使用筆刷工具 ✐,選擇實邊圓形筆刷並適當調整大小,在牆壁上繪製可愛的蛋糕圖案。

## 08 建立"相片濾鏡"圖層,調整畫面色調

按一下"建立新填色或調整圖層"按鈕 ◑,在彈出的功能表中選擇"相片濾鏡"選項,設定參數,調整畫面的色調。這樣具有個人獨特風格的夢幻房間就製作完成囉!每天睡在自己喜愛的房間裡真是太幸福了。

# 03 花朵也可以這樣生動

光碟路徑：Chapter7\Complete\花朵也可以這樣生動.psd

## 設計構思

一個簡單的花瓣或者是花朵看起來平淡無奇，但是在具有創意的人的手中它會變得具有生命力。平時不經意間的小花朵和我們的繪畫結合在一起，是這樣的自然毫無排斥感。

## 設計要點

在製作花朵時，主要增加了花朵的素材，透過"紋理化"濾鏡將背景的紙張效果製作出來，並搭配鉛筆樣式的筆刷工具將花朵繪製完成。

### 必殺技

### "紋理化" 濾鏡

"紋理化"濾鏡可以製作出紙張的效果，執行"濾鏡 > 濾鏡收藏館 > 紋理 > 紋理化"命令，並在彈出的對話方塊中設定參數，完成後按一下"確定"按鈕，即可製作出圖層的紋理化效果。

## 設計分享

在製作花朵時，需要注意花朵的大小和在畫面中的比例，這樣繪製出來的效果才會更加自然。過大或多小都會影響圖案的美觀。

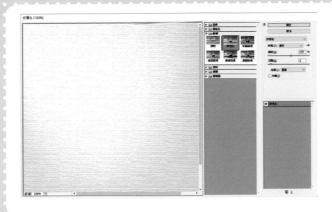

## 01 使用"紋理化"濾鏡製作畫面背景

新增空白影像檔案。得到"背景"圖層，按兩下"背景"圖層，得到"圖層 0"，將其填滿為亮灰色，按一下滑鼠右鍵，選擇"轉換為智慧型物件"命令，轉換為智慧型圖層。執行"濾鏡 > 濾鏡收藏館 > 紋理 > 紋理化"命令，在彈出的對話方塊中設定參數，完成後單點"確定"按鈕。

## 02 調整畫面背景的色調

按一下"建立新填色或調整圖層"按鈕，在彈出的功能表中選擇"相片濾鏡"選項，設定參數，調整畫面的色調。使畫面的背景偏綠灰色。

## 03 使用花朵製作人物的裙子

打開"花朵.png"檔案。拖曳到目前影像中，新增"圖層 1"，按快速鍵 Ctrl+T，轉換影像大小，並將其放置於畫面中間合適的位置，按一下"增加圖層樣式"按鈕，選擇"陰影"選項並設定參數，增加圖層樣式。

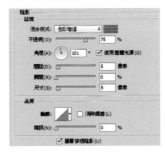 

## 04 繪製人物的上半身

在"圖層 1"下方新增"圖層 2"，設定前景色為紅色，按一下筆刷工具，選擇需要的鉛筆質感的筆刷並適當調整大小及透明度，在花朵上方繪製人物的身體的圖案。

## 05 繪製人物的下半身

新增"圖層3",設定前景色為紅色,按一下筆刷工具 ✎,選擇需要的鉛筆質感的筆刷並適當調整大小及透明度,在花朵下方繪製人物的身體和鞋子的圖案。

## 06 繪製人物的皮膚

新增"圖層4",設定前景色為肉色,按一下筆刷工具 ✎,選擇柔邊筆刷並適當調整大小及透明度,在圖層上繪製人物的皮膚,設定混合模式為"色彩增值"。

## 07 繪製人物皮膚上的陰影效果以及衣服的顏色

新增"圖層5"、"圖層6",設定需要的前景色,按一下筆刷工具 ✎,選擇柔邊筆刷並適當調整大小及透明度,設定混合模式為"色彩增值",繪製人物皮膚上的陰影效果以及衣服的顏色。

## 08 繪製人物頭部的線條,並填色

新增"圖層7"、"圖層8",設定需要的前景色,按一下筆刷工具 ✎,選擇需要的筆刷並適當調整大小及透明度,繪製人物頭部的線條與填色,將畫面繪製完成。看一看,原來花朵也可以這樣生動!

# 04 DIY創意筆筒

(C) 光碟路徑：Chapter7\Complete\DIY創意筆筒.psd

設計構思　我們可以利用身邊任意的盒子製作出筆筒，但是如果需要建立連續可愛的圖案，就一定要使用 Photoshop 的圖樣覆蓋功能，這樣可以更快地製作出筆筒哦！

## 設計要點

在 DIY 創意筆筒的時候，主要使用繪製好的圖案自訂圖案，然後使用圖樣覆蓋這一圖層樣式製作畫面上需要的連續圖案。

## 設計分享

在 DIY 創意筆筒時，需要注意繪製的圖案應儘量簡單可愛一些，這樣製作出來的疊加效果才會更加生動。

必殺技

### 自訂圖案和圖樣覆蓋圖層樣式

繪製好圖案之後，如果想要自訂圖案，可執行"編輯 > 定義圖樣"命令，會彈出"定義圖樣"對話方塊中設定圖案的名稱，完成後按一下"確定"按鈕即可。新增圖層，將其填滿為需要的顏色後，按一下"增加圖層樣式"按鈕，選擇"圖樣覆蓋"選項並設定參數，即可增加圖層樣式。

## 01 繪製自訂圖案

新增空白影像檔案。新增"圖層 1",設定需
要的前景色,使用筆刷工具,選擇實邊圓形筆
刷並適當調整大小,繪製需要的草莓形狀,執
行"編輯 > 定義圖樣"命令,彈出定義圖案
的對話塊,在其中設定需要定義的圖案的名
稱,完成後按一下"確定"按鈕即可將其設定
為自訂的形狀。

## 02 打開照片檔並選取需要增加圖案的選取範圍

打開"DIY創意筆筒"照片檔案,得到"背景"
圖層,按兩下"背景"圖層,得到"圖層 0",
使用多邊形套索工具 選取照片上的筆筒,得
到其選取範圍。

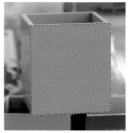

## 03 製作筆筒的圖樣覆蓋

按下快速鍵 Ctrl+J,複製得到"圖層 1",按一
下"增加圖層樣式"按鈕 ,選擇"圖樣覆
蓋"選項並設定參數,增加圖層樣式。

## 04 繼續選取下方筆筒的選取範圍

返回"圖層 0",使用多邊形套索工具 選取
下方的筆筒,得到下方筆筒的選取範圍。

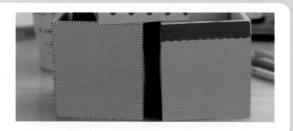

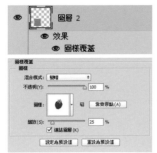

## 05 製作下方筆筒的圖案

按下快速鍵 Ctrl+J，複製得到 "圖層 2"，將其移至 "圖層 1" 的上方，按一下 "增加圖層樣式" 按鈕 fx，選擇 "圖樣覆蓋" 選項並設定參數，增加圖層樣式。

## 06 繼續製作下方筆筒的圖案

繼續使用相同的方法，返回 "圖層 0"，使用多邊形套索工具 選取下方筆筒，得到下方筆筒的選取範圍。 按下快速鍵 Ctrl+J，複製得到 "圖層 3"，將其移至 "圖層 2" 的上方，按一下 "增加圖層樣式" 按鈕 fx，選擇 "圖樣覆蓋" 選項並設定參數，增加圖層樣式。

## 07 建立 "色相／飽和度 1" 圖層，調整畫面色調

按一下 "建立新填色或調整圖層" 按鈕 ，在彈出的功能表中選擇 "色相／飽和度" 選項，設定參數，調整畫面的色調。

## 08 建立 "色階 1" 圖層，調整畫面色調

按一下 "建立新填色或調整圖層" 按鈕 ，在彈出的功能表中選擇 "色階" 選項，設定參數，調整畫面的色調。 完成 DIY 創意筆筒製作。 這樣製作出來的 DIY 創意筆筒圖案既方便又連續，非常實用哦！

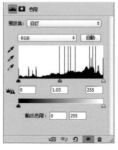

# 05 我的夢幻天空

© 光碟路徑：Chapter7\Complete\我的夢幻天空.psd

設計構思　對於每一個熱愛旅行的人來說，在我們的相冊裡一張天空的照片是必不可少的，也許你還不知道 Photoshop 有神奇且強大的功能，可以讓我們的旅行照片更具藝術感。

## 設計要點

在製作夢幻天空時，主要使用筆刷工具，透過圖層面板和筆刷工具的巧妙搭配，可以讓我們的照片煥然一新。

## 設計分享

在製作夢幻天空的過程中，在繪製圖案時要注意其可愛性及相互之間的關係。 這樣繪製出來的效果才會更好。

### 必殺技

### 圖層遮色片

遮色片最大的特點就是可以反覆修改，卻不會影響到本身圖層。如果對遮色片調整的影像不滿意，可以刪除遮色片，原影像又會重現。真是非常神奇的工具。

## 01 打開照片檔和紙張素材檔案

打開一張天空照片，得到"背景"圖層。打開"紙張.png"檔案。拖曳到目前影像中，新增"圖層1"，按快捷鍵 Ctrl+T，轉換影像大小，並將其放置於畫面下方合適的位置。

## 02 製作手拿紙張的樣式

打開"手.png"檔案。拖曳到目前影像中，新增"圖層2"，按快速鍵 Ctrl+T，轉換影像大小，並將其放置於畫面下方紙張上面合適的位置。

## 03 繪製被紙張遮擋到的部分

新增"圖層3"，設定前景色為黑色，按下筆刷工具，選擇實邊圓形筆刷並適當調整大小及透明度，在紙張上繪製被紙張遮擋的一部分，在繪製的過程中注意畫面線條的連貫性。

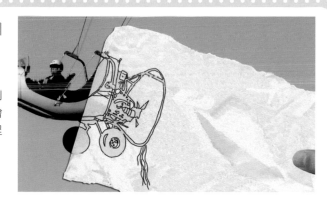

## 04 表現你的想像力

新增"圖層4"，繼續使用筆刷工具，選擇實邊圓形筆刷並適當調整大小及透明度，在紙張上表現你的想像力，讓這張照片更加具有你創作的色彩！就像小時候在牆壁上繪製的那些塗鴉一樣，隨心所欲地發揮你天馬行空的創意吧！

# 06 我的照片奇妙幻想

## 設計構思

將照片處理為具有一定藝術效果的拼貼樣式，具有獨特的設計感和藝術效果。透過不同形狀的圖形、不同花紋和圖案、不同大小的拼接，使你的照片具有一種高級與獨具格調的獨特視覺效果。

## 設計要點

在製作照片奇妙幻想時，注意製作的每一塊拼貼的圖案大小分配和設計作用，並注意其前後的敘事關係，使畫面具有一定的層次效果。

### 必殺技

**如何快速擷取需要的影像？**

在 Photoshop 中擷取影像的方式五花八門，在製作照片奇妙幻想時運用什麼樣的方式來快速擷取影像呢？照片的底色是單一的，可以執行"選取 > 顏色範圍"命令，在彈出的對話框中設定其朦朧，得到影像的選取範圍，搭配遮色片工具可以將影像快速擷取出來。

## 設計分享

在製作照片奇妙幻想時，需要對整體畫面中的各個元素進行整體接排，最後需要對圖片進行整體顏色的調整，使畫面色調統一。

**01 擷取人物影像並填滿背景為白色**

打開需要製作的照片,複製得到"圖層1",執行"選取 > 顏色範圍"命令,在彈出的對話方塊中設定朦朧,按一下"確定"按鈕,得到人物的選取範圍,按一下"增加圖層遮色片"按鈕 ▣ ,將人物擷取出來,在下方新增"圖層2"並將其填滿為白色。

**02 利用鋼筆工具和各種素材製作人物後面的形狀圖案**

按 下鋼筆工具 ✐ ,在屬性欄中設定屬性為"形狀",設定需要的"填滿"圖案,設定"筆畫"為"無",在擷取的人物下方繪製需要的圖案,得到"形狀1"。打開"花朵.png"、"人物.png"文件。生成"圖層3"、"圖層4",按快捷鍵 Ctrl+T,轉換影像大小,並將其放置於人物後面合適的位置。

**03 繼續增加素材並適當複製,建立"群組1"**

打開"手.png",拖曳到目前影像中,新增"圖層5",連續按下快速鍵 Ctrl+J,複製得到兩個"圖層5拷貝",按快捷鍵 Ctrl+T,轉換影像大小和方向,按住 Shift 鍵選擇"圖層3"至"圖層5拷貝2",按快速鍵 Ctrl+G 新增"群組1"。

## 04 製作人物後方整體色調

打開"圖案.jpg",拖曳到目前影像中,新增"圖層6",按快捷鍵 Ctrl+T,轉換影像大小,將其放置於畫面合適的位置。按住 Alt 鍵按一下滑鼠左鍵,建立圖層剪裁遮色片。設定混合模式為"色彩增值","不透明度"為 35%。

## 05 製作人物的塑膠包裝效果

返回"圖層1",複製得到"圖層1拷貝",按一下滑鼠右鍵,選擇"轉換為智慧型物件"命令,轉換為智慧型圖層,執行"濾鏡 > 濾鏡收藏館 > 藝術風 > 塑膠覆膜"命令,並在彈出的對話方塊中設定參數,完成後按一下"確定"按鈕。

## 06 製作人物前方的圖案

打開"花朵 2.png"、"蝴蝶 .png"、"花朵 3.png"、"花朵 4.png"文件。新增"圖層 8"至"圖層 11",按快捷鍵 Ctrl+T,轉換影像大小,並將其放置於人物前面合適的位置。

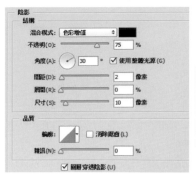

## 07 製作人物前方的橢圓形狀

新增"圖層12",使用橢圓選取畫面工具 ▣ 在人物前面合適的位置繪製橢圓選取範圍,並將其填滿為白色,然後按下快速鍵 Ctrl+D 取消選取範圍。單點"增加圖層樣式"按鈕,選擇"陰影"選項並設定參數,增加圖層樣式。

## 08 製作橢圓內部的形狀圖案

打開"圖片.jpg",拖曳到目前影像中,新增"圖層13",按快速鍵 Ctrl+T,轉換影像大小,將其放置於畫面合適的位置。按住 Alt 鍵按一下滑鼠左鍵,建立圖層剪裁遮色片。

## 09 製作橢圓內部的黑白色調

單點"建立新填色或調整圖層"按鈕 ◎,在彈出的功能表中選擇"黑白"選項,設定參數,按一下屬性面板中的"這項調整會剪裁至圖層(按一下則會影響所有下方圖層)"按鈕 ◪,建立圖層的剪裁遮色片,調整圖層的色調。

## 10 將背景以外的全部圖層複製並調整其色調

按住 Shift 鍵選擇 "群組 1" 至 "黑白 1" 圖層,按快速鍵 Ctrl+J,複製得到除背景以外的全部拷貝,並按下快速鍵 Ctrl+E 將其合併,將其重新命名為 "圖層 14",並調整其顏色。

## 11 調整背景以外全部圖層的整體色調,使其和諧統一

按一下 "建立新填色或調整圖層" 按鈕 ,在彈出的選單中選擇 "相片濾鏡" 選項,設定參數,並按一下屬性面板中的 "這項調整會剪裁至圖層 (按一下則會影響所有下方圖層)" 按鈕 ,建立圖層剪裁遮色片,調整圖層的色調。在圖層面板上設定混合模式為 "飽和度"。 這樣,具有一定藝術效果的奇妙幻想照片就製作完成啦!看看是不是非常的高級與高格調呀?

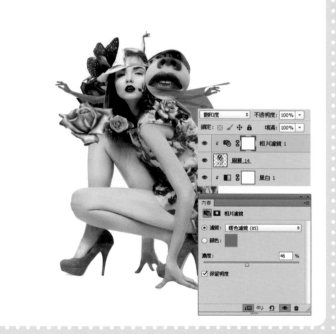

# 07 是世界變大了還是我變小了

光碟路徑：Chapter7\Complete\是世界變大了還是我變小了.psd

## 設計構思

生活有時需要一些樂趣，就像是世界變大了還是我變小了。我們來看看我們不同的生活空間，也許你還會發現生活中不一樣的美好呢！打字機變小了之後，我們的生活會不會變得很不一樣呢？

## 設計要點

在製作世界變大的效果時，注意製作的人物之間的動態銜接性，以及與照片背景之間的關係，這樣創作出來的照片才會更加生動和諧。

### 如何調整畫面溫馨的色調

在 Photoshop 中調整畫面的色調是需要練習的。畫面整體效果的和諧常需要透過對畫面色調的調整來得到改善。調整畫面溫馨的色調時主要運用暖色"色彩填色"樣式，並搭配填滿混合模式進行調整。

## 設計分享

在製作照片世界變大的效果時，注意擷取人物時要細緻，這樣製作出的畫面才能更精緻。最後需要對整體畫面的色調進行調整，表現出溫馨的畫面效果。

### 01 打開照片並增加素材，製作生動的人物形象

打開需要製作的照片檔案。打開"人物.png"檔案。拖曳到目前影像中，新增"圖層1"，按快速鍵 Ctrl+T，轉換影像大小，並將其放置於畫面合適的位置。製作美食照片上生動的人物形象。

### 02 製作人物的陰影並繼續增加人物

複製"圖層1"，將其移至"圖層1"下方，按住 Ctrl 鍵得到選取範圍後將其填滿為黑色，取消選取範圍，按快速鍵 Ctrl+T，轉換影像，設定混合模式為"色彩增值"，"不透明度"為20%。表現陰影效果。打開"人物2.png"檔案。拖曳到目前影像中，新增"圖層2"，按快速鍵 Ctrl+T，轉換影像大小，並將其放置於畫面合適的位置。繼續製作畫面上的人物。

### 03 繼續增加畫面上的"小人"

打開"人物3.png"檔案。拖曳到目前影像中，新增"圖層3"，按快速鍵 Ctrl+T，轉換影像大小，並將其放置於畫面合適的位元置。在其下方新增"圖層4"，設定前景色為黑色，按一下筆刷工具，選擇柔邊筆刷並適當調整大小及透明度，在畫面上適當塗抹，製作增加的人物的投影效果。並將增加的所有人物效果合併為"群組1"。

### 04 製作人物的塑膠效果

複製"群組1"，得到"群組1拷貝"，按一下滑鼠右鍵，選擇"轉換為智慧型物件"命令，轉換為智慧型圖層。執行"濾鏡>濾鏡收藏館>藝術風>塑膠覆膜"命令，並在彈出的對話方塊中設定參數，完成後按一下"確定"按鈕。

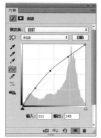  

## 05 調整畫面的整體色調

按一下"建立新填色或調整圖層"按鈕，在彈出的功能表中選擇"曲線"、"選取顏色"選項，設定參數，調整畫面的色調。

## 06 繼續調整畫面的整體色調

按一下"建立新填色或調整圖層"按鈕，在彈出的功能表中選擇"色彩填色"選項，設定參數，設定混合模式為"排除"，"不透明度"為 30%，調整畫面的色調。

## 07 繼續調整畫面的整體色調

按一下"建立新填色或調整圖層"按鈕，在彈出的功能表中選擇"色彩填色"選項，設定參數，設定混合模式為"排除"，"不透明度"為 15%，調整畫面的色調。

## 08 調整畫面的整體溫馨色調

按一下"建立新填色或調整圖層"按鈕，在彈出的功能表中選擇"色彩平衡"、"色階"選項，設定參數，調整畫面的色調。這樣畫面就製作完成了。是不是很有趣呢？是世界變大了還是我變小了呢？

 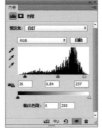 

# Photoshop 就該這樣玩｜超有趣的 45 個絕妙創意設計好點子

作　　者：銳藝視覺
譯　　者：許郁文
企劃編輯：王建賀
文字編輯：江雅鈴
設計裝幀：張寶莉
發 行 人：廖文良

發 行 所：碁峰資訊股份有限公司
地　　址：台北市南港區三重路 66 號 7 樓之 6
電　　話：(02)2788-2408
傳　　真：(02)8192-4433
網　　站：www.gotop.com.tw
書　　號：ACU070000
版　　次：2016 年 03 月初版
建議售價：NT$390

國家圖書館出版品預行編目資料

Photoshop 就該這樣玩：超有趣的 45 個絕妙創意設計好點子 / 銳藝視覺原著；許郁文譯. -- 初版. -- 臺北市：碁峰資訊, 2016.03
　　面；　　公分
　　ISBN 978-986-347-947-5(平裝)
　　1.數位影像處理
312.837　　　　　　　　　　　　　　　　105001565

## 讀者服務

● 感謝您購買碁峰圖書，如果您對本書的內容或表達上有不清楚的地方或其他建議，請至碁峰網站：「聯絡我們」\「圖書問題」留下您所購買之書籍及問題。(請註明購買書籍之書號及書名，以及問題頁數，以便能儘快為您處理)
http://www.gotop.com.tw

● 售後服務僅限書籍本身內容，若是軟、硬體問題，請您直接與軟體廠商聯絡。

● 若於購買書籍後發現有破損、缺頁、裝訂錯誤之問題，請直接將書寄回更換，並註明您的姓名、連絡電話及地址，將有專人與您連絡補寄商品。

● 歡迎至碁峰購物網
http://shopping.gotop.com.tw
選購所需產品。